インプレス R&D [NextPublishing]

技術の泉 SERIES
E-Book / Print Book

ESSENTIAL XAMARIN

ネイティブからクロスプラットフォームまで
モバイル.NETの世界

榎本 温
平野 翼
中村 充志
奥山 裕紳
末広 尚義
中澤 慧

著

Xamarinコミュニティの
最先端開発者たちが全力で
書き下ろした全方位の解説書

impress R&D
An impress Group Company

目次

はじめに……………………………………………………………………… 8

免責事項……………………………………………………………………… 8

表記関係について…………………………………………………………… 8

底本について………………………………………………………………… 8

第1章 Xamarin.Android で始めるクロスプラットフォームモバイルアプリ開発 ……… 9

1.1 Xamarin とは？ …………………………………………………………… 9
Xamarin とは何か …………………………………………………………… 9
Android アプリ開発者から見た Xamarin.Android …………………………… 10

1.2 Xamarin.Android と「ネイティブ」の違い ………………………………… 16
統合開発環境 ………………………………………………………………… 16
Gradle ビルドシステム ……………………………………………………… 17
パッケージ管理システム …………………………………………………… 17
Google Play services ………………………………………………………… 18

1.3 Java の資産を Xamarin.Android で使用する ……………………………… 19
主な Binding ライブラリ …………………………………………………… 19
Binding ライブラリの作成 ………………………………………………… 20

1.4 C#の利点 …………………………………………………………………… 21
非同期処理（async/await） ………………………………………………… 21
ラムダ式と LINQ to Objects ………………………………………………… 22
型推論と匿名型 ……………………………………………………………… 23
少し Null 安全 ………………………………………………………………… 24
C# vs Kotlin ………………………………………………………………… 25

1.5 クロスプラットフォームアプリ開発とコードの共有 ……………………… 26
Xamarin.iOS とは …………………………………………………………… 26
.NET フレームワーク（Mono）の活用 …………………………………… 27
PCL（Portable Class Library） …………………………………………… 29
共通化できる一般的な機能 ………………………………………………… 30

1.6 Xamarin.Forms とは ……………………………………………………… 30
独自のコントロールを作る仕組み ………………………………………… 30
Xamarin.Forms の本当の利点 ……………………………………………… 32
対応プラットフォームの広がり …………………………………………… 32

1.7 MVVM+Rx によるモダンなアプリケーション開発 ……………………… 33
MVVM パターン …………………………………………………………… 33
変更通知プロパティ ………………………………………………………… 34
コマンド ……………………………………………………………………… 34
データバインディング ……………………………………………………… 34
Reactive Extensions（Rx） ………………………………………………… 35
ReactiveProperty …………………………………………………………… 35
MVVM フレームワーク …………………………………………………… 37

1.8 Xamarin による「クロスプラットフォーム」MVVM+Rx アプリケーション ……… 39
GPS 受信アプリケーション ………………………………………………… 39
Android、iOS でのアプリ構成 …………………………………………… 41

	Xamarin でのアプリ構成	41
	アプリケーション・デザインパターンとコード共有のまとめ	43
	Xamarin と Clean Architecture と Flux	44

1.9 オープン Xamarin、オープンマイクロソフト 44
Xamarin Platform の OSS 化 45
.NET フレームワークの OSS 化 45
.NET Standard と Mono と Xamarin 45

1.10 Xamarin の使いどころ 45
Xamarin が向いていないケース 46
Xamarin を採用すべきケース 47
まとめ 47

第2章　できる Xamarin.Mac 52

2.1 Xamarin.Mac の世界へようこそ 52
Xamarin.Mac とは 52
選ぶ理由、選ばない理由 53
準備 53
ターゲットフレームワーク 54

2.2 最初のアプリケーションを作る 56
プロジェクトの作成、ビルド 56
コントロールの配置 57
コーディング 60

2.3 macOS 向けアプリケーションのお作法 63
起動から終了まで 63
Cocoa における Delegate 65
レスポンダチェイン 66
Notification 73
Cocoa バインディング 77
DataSource 85

2.4 おわりに 93

第3章　Prism for Xamarin.Forms 入門の次の門 94

3.1 はじめに 94
想定読者 94
前提条件 95
主な内容 95
構成について 96

3.2 事前準備：Prism 画面遷移実装の解説 96
関連コンポーネント 97
画面遷移における代表的なクラス群 98
画面遷移におけるシーケンス 101

3.3 XAML で ViewModel のコード補完の有効化 104
動機と概要 104
実現方法と解説 109

3.4 Prism Template Pack の DesignTimeViewModelLocator 対応 112
動機と概要 112
注意事項 112

実現方法と解説 ………………………………………………… 112

3.5 View と ViewModel の Assembly の分離 ……………… 123
動機と概要 ………………………………………………………… 123
注意事項 …………………………………………………………… 124
実現方法と解説 …………………………………………………… 124

3.6 ViewModel 指定のナビゲーション ……………………… 126
動機と概要 ………………………………………………………… 126
注意事項 …………………………………………………………… 128
実現方法と解説 …………………………………………………… 129

3.7 DeepLink における ViewModel 指定とリテラル指定の共存 … 132
動機と概要 ………………………………………………………… 132
実現方法と解説 …………………………………………………… 132

3.8 遷移名の属性（Attribute）による指定 ………………… 136
動機と概要 ………………………………………………………… 136
実現方法と解説 …………………………………………………… 136

3.9 命名規則から逸脱した View・ViewModel マッピング … 141
動機と概要 ………………………………………………………… 141
実現方法と解説 …………………………………………………… 141

3.10 まとめ ………………………………………………………… 142

第4章　画面遷移カスタマイズから取り組むXamarin.iOS ……… 144

4.1 準備 …………………………………………………………… 145
環境 ………………………………………………………………… 145
サンプルアプリケーション ……………………………………… 145

4.2 基礎編:画面遷移のカスタマイズ ………………………… 148

4.3 応用編:スワイプして消せるモーダル …………………… 152

4.4 黒魔術編:画面内のどこからでもスワイプしてポップ … 158

4.5 まとめ ………………………………………………………… 160

第5章　Xamarin Bluetooth Low Energy インストール編 ……… 162

5.1 なぜ Xamarin で BLE を実装するのか …………………… 162

5.2 BLE の 概略 ………………………………………………… 162
アドバタイズパケット …………………………………………… 162
GATT ……………………………………………………………… 163
Service …………………………………………………………… 163
キャラクタリスティック ………………………………………… 164

5.3 Xamarin BLE Plug のインストールとサンプルコード … 164
Bluetooth LE Plugin …………………………………………… 164
インストール ……………………………………………………… 164
デバイスの検出 …………………………………………………… 167
サービスの検出 …………………………………………………… 167
キャラクタリスティックとの通信 ……………………………… 168

5.4 終わりに ……………………………………………………… 169

第6章　開発者のためのXamarin関連リポジトリ集 ………………………………… 170

6.1　Monoのコア コンポーネント ………………………………………………… 170
mono/mono ……………………………………………………………………… 170
mono/referencesource …………………………………………………………… 171
mono/corefx ……………………………………………………………………… 171
mono/msbuild …………………………………………………………………… 171
mono/roslyn-binaries …………………………………………………………… 172
mono/cecil ………………………………………………………………………… 172
mono/linker ……………………………………………………………………… 173
fsharp/fsharp …………………………………………………………………… 173
mono/mono-tools ………………………………………………………………… 173
mono/api-doc-tools ……………………………………………………………… 174

6.2　GUIフレームワーク …………………………………………………………… 174
mono/gtk-sharp …………………………………………………………………… 174
mono/gnome-sharp ……………………………………………………………… 174
mono/xwt ………………………………………………………………………… 175

6.3　MonoDevelop …………………………………………………………………… 175
mono/monodevelop ……………………………………………………………… 175
mono/mono-addins ……………………………………………………………… 175
mono/debugger-libs ……………………………………………………………… 176

6.4　モバイル プラットフォームSDK ……………………………………………… 176
xamarin/xamarin-macios ………………………………………………………… 176
xamarin/Xamarin.MacDev ……………………………………………………… 177
xamarin/java-interop …………………………………………………………… 177
xamarin/xamarin-android ……………………………………………………… 177
xamarin/xamarin-android-tools ………………………………………………… 177

6.5　Xamarin コンポーネント／ライブラリ ……………………………………… 178
xamarin/XamarinComponents …………………………………………………… 178
xamarin/AndroidSupportComponents …………………………………………… 178
xamarin/GooglePlayServicesComponents ……………………………………… 180
xamarin/GoogleApisForiOSComponents ……………………………………… 181
xamarin/FacebookComponents ………………………………………………… 181
xamarin/Xamarin.Auth …………………………………………………………… 181
xamarin/android-activity-controller …………………………………………… 181
Xamarin.Forms …………………………………………………………………… 181

6.6　モバイル・デスクトップ共通のクロスプラットフォーム ライブラリ ……… 182
mono/OpenTK …………………………………………………………………… 182
mono/VulkanSharp ……………………………………………………………… 182
mono/SkiaSharp ………………………………………………………………… 182

6.7　サンプル集 ………………………………………………………………………… 183

6.8　非マネージドコード環境との相互運用 ………………………………………… 183
mono/CppSharp …………………………………………………………………… 183
xamarin/WebSharp ……………………………………………………………… 184
mono/Embeddinator-4000 ……………………………………………………… 184

6.9　仕様策定 …………………………………………………………………………… 185
xamarin/xamarin-evolution ……………………………………………………… 185

6.10　総括 ……………………………………………………………………………… 186

目次　5

第7章　Xamarin.Android SDK解説　（rev. 2017.3） ………………………………… 187

　7.1　Xamarin.Androidの基礎 ……………………………………………………………… 187

　　　Xamarin.Androidとは何か？ …………………………………………………………………… 187
　　　非プラットフォーム標準コンパイラ・ランタイムの実現方法 ……………………………… 187
　　　プラットフォームAPI呼び出し機構 ………………………………………………………… 189
　　　Xamarin.AndroidのAPI ……………………………………………………………………… 190
　　　IDEとプロジェクトの作成・ビルド ………………………………………………………… 191
　　　Debug/Release と FastDeployment/Embed ……………………………………………… 192
　　　Xamarin.Androidアプリケーションの構成要素 …………………………………………… 192

　7.2　Xamarin.Android SDK ………………………………………………………………… 194

　　　Xamarin.Android "SDK"とは何か？ ………………………………………………………… 194
　　　Xamarin.Android SDKをビルドする ………………………………………………………… 194
　　　Xamarin.Android SDKでアプリケーションをビルドする ………………………………… 196
　　　Build ABI Specific APKs ……………………………………………………………………… 198

　7.3　Xamarin.Android SDKの仕組み ……………………………………………………… 199

　　　.NETアプリケーションのホスティング ……………………………………………………… 199
　　　Windowsで.NETのEXEが直接実行できるワケ …………………………………………… 200
　　　Xamarin.Androidアプリケーションの起動プロセス ……………………………………… 200
　　　libmonodroid: Monoランタイムと Androidの橋渡し ……………………………………… 201
　　　Java相互運用：.NETからのJava呼び出し ………………………………………………… 201
　　　Java相互運用: Javaからの.NET呼び出し ………………………………………………… 201
　　　MSBuildによるビルド ………………………………………………………………………… 203
　　　Javaバインディング生成機構 ………………………………………………………………… 208
　　　最後に …………………………………………………………………………………………… 212

第8章　Monoでモノのインターネットを目指す ……………………………………… 213

　8.1　Mono: クロスプラットフォーム動作する.NET環境 ……………………………… 213

　8.2　モバイル環境で多く使われるMono ………………………………………………… 213

　8.3　もっと貧弱な環境でもMonoを使いたい ………………………………………… 213

　8.4　省電力組み込みチップESP32上でMonoを動かしたい ……………………… 214

　8.5　Monoランタイムの実行に必要なリソース ……………………………………… 215

　8.6　リソース消費量の計測用にMonoをビルドする ……………………………… 216

　　　Monoのビルド環境構築とシンプルなビルド確認 ………………………………………… 216

　8.7　組み込み環境向けのMonoランタイム …………………………………………… 217

　　　Monoランタイムを組み込んだバイナリの作成 …………………………………………… 217
　　　Monoランタイム以外にも必要なROM/RAM領域 ………………………………………… 218

　8.8　Monoランタイムの構造を読解する ……………………………………………… 219

　8.9　Monoランタイム起動直後の処理 ………………………………………………… 220

　8.10　リソースの種類ごとの消費量調査 ……………………………………………… 221

　　　実行バイナリを解析して得られる要求リソース情報 ……………………………………… 221
　　　実行ファイル内のシンボルごとのメモリ消費量 …………………………………………… 222
　　　スタック領域 …………………………………………………………………………………… 222
　　　ヒープ領域 ……………………………………………………………………………………… 223

　8.11　Monoのドキュメントに沿って容量を削減する ………………………………… 224

　　　不要な機能セットを除外指定してビルドする ……………………………………………… 225
　　　不要なロケール情報を削除してビルドする ………………………………………………… 226

6　│　目次

コンパイルオプションでコンパクトなコード出力を優先する ·············· 227

8.12　ヒーププロファイル結果からRAM削減余地を探す ···················· 227
　　　JITコンパイルで消費するメモリをおさえるためのAOTコンパイル ········· 228
　　　mono_mempool_new_sizeでの割り当て抑制 ························· 229
　　　System.Consoleは巨大 ··· 230
　　　mono_assembly_load_corlibで266KB ······························ 232
　　　その他、メモリ削減余地の大きそうな要素 ···························· 232

8.13　クラスライブラリの削減余地を検討する ···························· 232
　　　起動直後に呼ばれるSystem.Globalization ························· 232
　　　-nostdlibの誘惑 ·· 233

8.14　ROM/静的確保RAMの削減余地を探る ······························ 234
　　　プログラム上の定数（const）値 ··································· 234
　　　full-AOT時に利用されない巨大な関数 ····························· 235
　　　静的確保している変数領域 ··· 235
　　　バイナリのstrip処理 ··· 236

8.15　まとめ ·· 237

執筆者紹介 ··· 239

はじめに

　Essential Xamarinに興味をもっていただき、ありがとうございます。本書は、Xamarinの本筋であるモバイル・アプリケーションの設計・開発技法について、最先端のXamarinアプリケーション開発者が総力を尽くして丁寧にまとめあげた文章を中心に構成された一冊となっています。

　2017年にXamarinアプリケーション開発技術の入り口から最先端の世界までを日本語で読める、希少な存在である本書をおたのしみください。

執筆者代表　榎本 温

免責事項

　本書に記載された内容は、情報の提供のみを目的としています。したがって、本書を用いた開発、製作、運用は、必ずご自身の責任と判断によって行ってください。これらの情報による開発、製作、運用の結果について、著者らはいかなる責任も負いません。

表記関係について

　本書に記載されている会社名、製品名などは、一般に各社の登録商標または商標、商品名です。会社名、製品名については、本文中では©、®、™マークなどは表示していません。

底本について

　本書は技術系同人誌即売会「技術書典2」で頒布された『Essential Xamarin - Yin/陰』『同 - Yang/陽』の内容をもとに加筆・修正を行ったものです。

第1章　Xamarin.Android で始めるクロスプラットフォームモバイルアプリ開発

Xamarinはモバイルアプリ開発ツールであることから、.NET/C#系の開発者であってもAndroidやiOSアプリの（いわゆる「ネイティブ」の）開発知識が必須であると筆者は考えています。逆に、Androidアプリ開発者がXamarinを使うこともまた容易であり不思議なことではないのです。この章は、主にAndroidアプリ開発者の方に、Xamarinについて知ってもらうことを目的としています。

まず、Xamarin/Xamarin.Androidとは何か、そして主要な開発言語であるC#や.NETフレームワークの強力な言語・ライブラリ機能について触れます。さらに通常のAndroidアプリ開発とXamarinを使ったアプリ開発はどこが違って、どこが同じなのかを説明します。

さらに、今日のモバイルアプリ開発では、データバインディング、MVVM、Reactive Extensions（Rx）といった、マイクロソフトが源流となっている手法が広く用いられています。Xamarinを使うと、MVVMパターンとRxを使用し、大部分のコードを共有できるAndroid/iOS両対応アプリケーションを開発できます。如何にしてコードを共有するか、できない場合にどのような解決策が用意されているかについて解説します。

もし「マイクロソフトだから」や「.NETってSIer()が使うやつでしょ」といった理由で今まで避けてきたのなら、本章を通してその誤解が少しでも解ければ幸いです。

1.1　Xamarinとは？

Xamarinとは、元企業名／現在はブランド名であり、開発ツールキットや開発者向けサービスの名前でもあります。ここでは、開発ツールキットとしてのXamarinについてひととおり触れ、本稿の主題であるXamarin.Androidについて解説します。

Xamarinとは何か

開発ツールキットとしてのXamarinとは、主に「Xamarin.Android」、「Xamarin.iOS」、「Xamarin.Mac」を指し、これらは公式サイトでは「Xamarin Platform」に分類されています。[1]

このツールキット群が提供する唯一にして最大のことは、「各プラットフォームのAPIをC#から呼び出せるラッパーの提供」です。

たとえば、AndroidならばActivity、iOSならばViewControllerなど、本来ならばJavaやObjective-C/Swiftから呼び出して使うAPIを、C#から呼び出して使用できます。

つまり、Xamarin.AndroidやXamarin.iOS自体は、クロスプラットフォームでコードを共有できるツールキットでもなんでもありません。単なる「それぞれのプラットフォームの薄いラッパー」です。

Xamarin.AndroidやXamarin.iOSは、.NETフレームワークのOSS実装である「Mono」の上で動作します。コード共有は、このMonoが複数のプラットフォームに対応していること、またPCL（Portable Class Library）という同一のバイナリを複数プラットフォームが使用できる仕組みの恩恵です。これについては「1.5 クロスプラットフォームアプリ開発とコードの共有」で詳しく説明します。

Xamarin Platformの上位層には「Xamarin.Forms」という、ユーザーインターフェースも共通化できるフレームワークがあります。これについては「1.6 Xamarin.Formsとは」で説明します。

Xamarin Platformという呼称

Xamarin.Android、Xamarin.iOSといった「プラットフォームのAPIの薄いラッパー」を提供するツール群は、過去に「Xamarin Native」と公式サイトで記載されていました。しかし、「Native」という単語の曖昧さが嫌われてか、現在の公式サイトにはこの表記は見られません。国内外のXamarinの発表資料では現在も「Xamarin Native」という呼称が使われていたり、最近では「Xamarin Traditional」を使っている資料もあるようです。できればどれかに統一して欲しいと思いますが、個人的には「Xamarin Platform」に一票！です。

Androidアプリ開発者から見たXamarin.Android

Mono上で動作するXamarin.Androidの動作の仕組みについては、本書の代表でもある @atsushieno 氏による「インサイドXamarin[2]」にて詳しく解説されています。Xamarinの中の人による詳解なので、これ以上の説明はまったく不要ですが、筆者の解釈で描いた図をひとつだけ紹介します。

図1.1: Androidネイティブと Xamarin.Android の構成

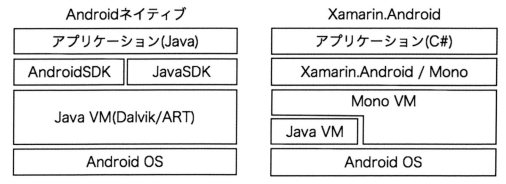

図1.1は、ネイティブとXamarin.Androidでの構成と実行形式の違いを示したものです。AndroidアプリはJavaVM（DalvikやART）上で動作しますが、Xamarin.Androidでは、JavaVMに加え、C#コード（からコンパイルされた中間言語=MSIL）を解釈、実行するMonoVMが並行して動作します。MonoVMを含むランタイムは、（リリースビルドでは）アプリに同梱され、動作します。

ここでは、Androidアプリ開発者がXamarin.Androidでアプリを開発してみたならば、という視点で、Xamarin.Androidについて説明してみます。

Getting Started

Xamarin.Androidでアプリを開発するには、統合開発ツールであるVisual Studio for Macまたは
Xamarin Studio（macOSの場合）、Visual Studio 2015（Windowsの場合）を使用します。Android
アプリ開発者のみなさんはきっとMac使いなので、ここではVisual Studio for Macを使って説明し
ましょう。

Visual Studio for MacとXamarin Studio

2016年11月にPreview版が公開されたVisual Studio for Macは、2017年6月に正式リリースさ
れました[3]。その実体はXamarin Studioに.NET Standard対応やAzure連携の機能を追加して外観を
変えたものです。しばらくの間は両者が並行して存在する模様ですが、Visual Studio for Macが正式
リリースとなったことで、Xamarin Studioは今後収束していくと予想されます。これからXamarin
アプリ開発を始めるならば、Visual Studio for Macを使用しましょう。

Visual Studio for Mac（以下Visual Studioと略）を起動して、「New Project...」を押すと、プロ
ジェクトのテンプレート選択ダイアログが表示されます。左サイドバーの「Multiplatform」には、
AndroidとiOSアプリを同時開発するためのプロジェクトテンプレートが並んでいますが、もっと
もシンプルにXamarinでAndroidアプリを作成する場合は、「Android-App」から「Android App」
を選択します。

図1.2: プロジェクトのテンプレート選択ダイアログ

第1章　Xamarin.Androidで始めるクロスプラットフォームモバイルアプリ開発　11

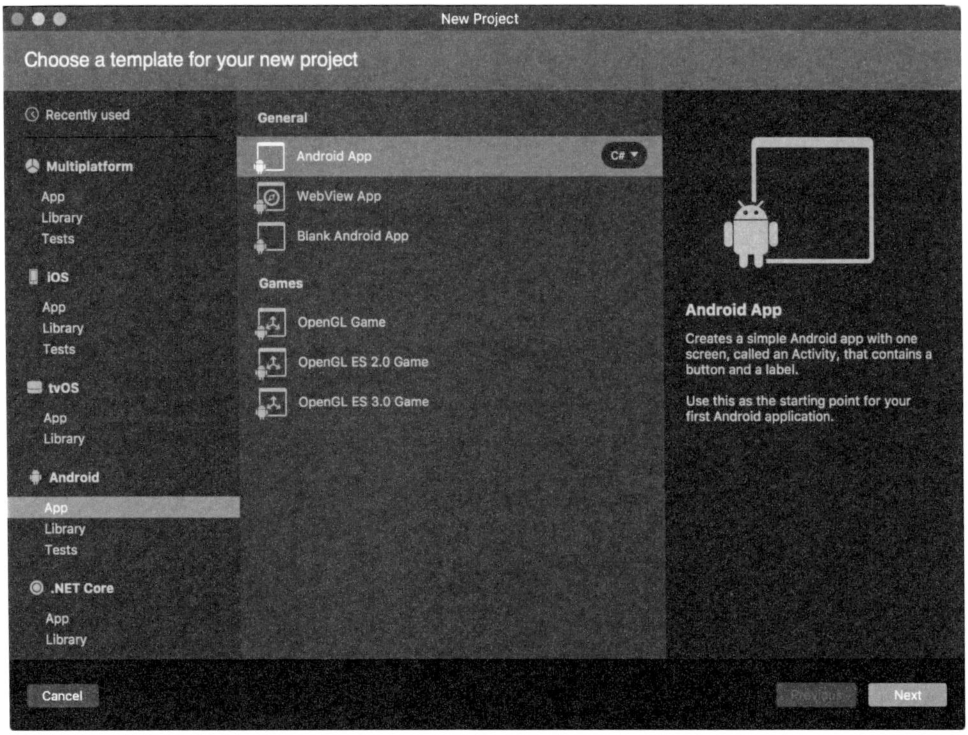

続いて、プロジェクトの設定ダイアログで、プロジェクト名などを入力します。ここでは「FirstXamarinApp」としましょう。

図1.3: 作成するプロジェクトの設定ダイアログ1

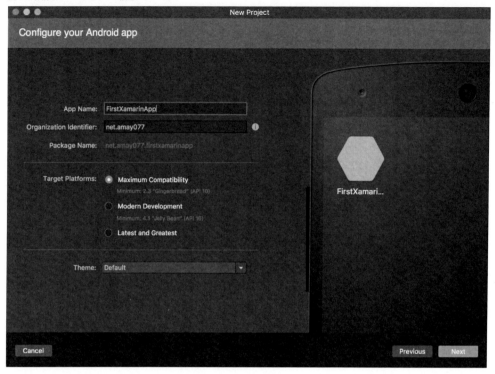

次に、プロジェクトの保存ディレクトリや、gitによるバージョン管理を使用するかを選択します。「Create」ボタンを押すと、プロジェクトが生成されます。

ちなみにXamarinをデフォルトインストールしていれば、Intel HAXMを使用した高速エミュレータも作成されます。図1.5の上部に見える「Android_Accelerated_x86」がそれで、このままメニューから「Run-Start Without Debugging」を実行すれば、Androidエミュレータが起動し、アプリが実行されます。

Android StudioとAndroid SDKを共有したい

Androidアプリ開発者であれば、すでにAndroid Studioとそれが使用するAndroid SDKをインストール済みでしょう。そのAndroid SDKをXamarinでも使用することは可能です。Xamarinのインストール時に既存のSDKを選択してもよいですし、インストール後にVisual Studioのメニュー→Preference→Projects→SDK Locations-Androidでディレクトリを変更することでも可能です。ただしSDKを共有する場合、Android SDKを最新に更新した時に、それがXamarinではまだ対応できていないバージョンである可能性があることに留意してください。

Xamarinが「Xamarin用に」Android SDKをインストールするのは、Android SDKのアップデートはGoogleの気まぐれで行われ、事前情報も得られないことから、Android SDKの更新によりXamarin

図1.4: 作成するプロジェクトの設定ダイアログ2

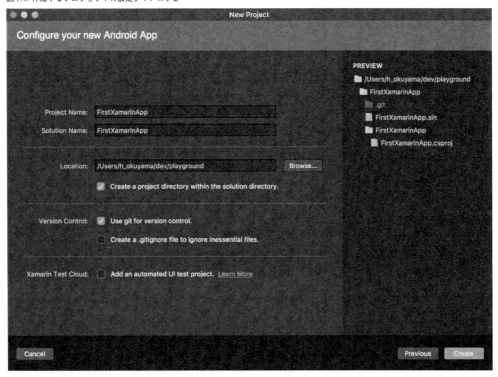

図1.5: 作成されたプロジェクト

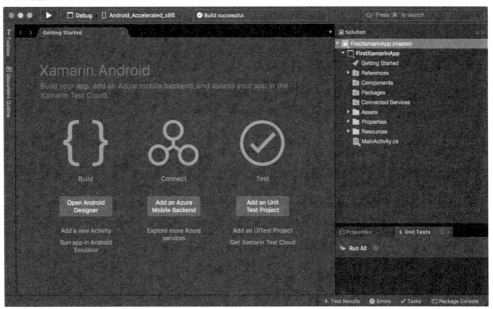

が動作しなくなるトラブルを避けるためであるとのことです。

図 1.6: アプリを実行した Android エミュレータ

作成されたプロジェクトの構成

Visual Studio のソリューションツリー（あるいは Finder やエクスプローラで）で、プロジェクトの構成を見てみましょう。

リスト 1.1: プロジェクト構成（抜粋）

```
/FirstXamarinApp
    FirstXamarinApp.csproj
    MainActivity.cs
    /Assets
        AboutAssets.txt
    /Properties
        AndroidManifest.xml
        AssemblyInfo.cs
    /Resources
        /layout
            Main.axml
        /values
            Strings.xml
        ...
```

Android アプリ開発の経験者であれば、これを見ただけで「Xamarin.Android は Android SDK の

薄いラッパーである」の意味が判ると思います。そう、MainActivity.csはAndroid Studioでは MainActivity.javaであり、layout/Main.axmlやvalues/Strings.xmlは、それぞれ画面の レイアウト、リソース文字列のXMLファイルそのものです。

　MainActivity.csを開いてソースコードを見てみましょう。これは、ボタンを押すとボタンに 表示される数値が1ずつ加算されていく、という簡単なプログラムです。

リスト1.2: MainActivity.cs の例

```
 1: using Android.App;
 2: using Android.Widget;
 3: using Android.OS;
 4:
 5: namespace FirstXamarinApp
 6: {
 7:     [Activity(Label = "FirstXamarinApp",
 8:         MainLauncher = true,
 9:         Icon = "@mipmap/icon")]
10:     public class MainActivity : Activity
11:     {
12:         int count = 1;
13:
14:         protected override void OnCreate(Bundle savedInstanceState)
15:         {
16:             base.OnCreate(savedInstanceState);
17:
18:             // Set our view from the "main" layout resource
19:             SetContentView(Resource.Layout.Main);
20:
21:             // Get our button from the layout resource,
22:             // and attach an event to it
23:             Button button =
FindViewById<Button>(Resource.Id.myButton);
24:
25:             button.Click += delegate { button.Text = $"{count++}
clicks!"; };
26:         }
27:     }
28: }
```

　Activity、OnCreate、FindViewByIdなど、Android SDKのクラス、メソッド名がそのまま C#から使用できていることに注目してください。些細な違いは、C#のルールにならって

第1章　Xamarin.Android で始めるクロスプラットフォームモバイルアプリ開発　15

- メソッド名は大文字から始まる
- setter/getter メソッドはプロパティに置き換えられる
- イベントリスナーの設定（setOnClickListener）はイベント構文（Click +=）に置き換えられる

などです。

||||||||||||||||||||||||||||||||||||||||||||||||||||||||||||||||||||||||||||||||||||||||||||||||||||||||||||||

AndroidManifest.xml は書くな、定義せよ

リスト1.1には、おなじみのAndroidManifest.xmlがあります。しかし、このファイルを開いてみるとわかりますが、ほとんど何も記述されていません。ではここに書くべきアプリケーション情報やIntent-Filterなどはどこに記述するのでしょうか?

Xamarin.Androidでは、これらの情報はクラスの属性として定義します。リスト1.2をもう一度見てください。MainActivityに付与されている[Activity(Label = "FirstXamarinApp", MainLauncher = true, Icon = "@mipmap/icon")]がそれです。また、applicationタグに対する設定をするには、Applicationクラスを拡張したクラスの属性を付与します。属性とAndroidManifest.xmlとの関連は公式サイト[4]に詳しく記述されています。

||||||||||||||||||||||||||||||||||||||||||||||||||||||||||||||||||||||||||||||||||||||||||||||||||||||||||||||

1.2 Xamarin.Androidと「ネイティブ」の違い

これまで見てきたように、Xamarin.Androidでは、Android SDKのAPIをそのまま使用できます。XamarinのPR資料などで「APIが100%使えます」などと紹介されているのは間違いではありません[5]。しかし、Androidのアプリ開発で重要なのはSDKだけではありません。ここでは、Xamarin.Androidと「ネイティブ」のAndroidアプリ開発で使用されるツール群の「無視できない違い」について説明します。

統合開発環境

Android Studioは、とても素晴らしい統合開発環境（以下、IDEと略）です。Visual Studio for Windows[6]は「最強のIDE」とも呼ばれていますが、残念ながらAndroidアプリ開発に最適化されたAndroid Studioには及びません。特に画面レイアウトのプレビューは、Visual Studioのそれは「おまけ」と思ってよく、Xamarin.Androidを使っていても、画面レイアウトのためだけにAndroid Studioを使用することがある程です[7]。

多くのC#erは、Visual Studio for Windows向けの有償の拡張機能である「JetBrains Resharper (R#)[8]」を好んで使用しています。しかしAndroid Studioも同じJetBrains社のIntelliJ IDEAをベースとしており、Androidアプリ開発者の皆さんは、R#が提供する機能の一部を日常的に（無料で!）使用しています。

Visual Studio for Mac/Xamarin Studioは、MonoDevelop[9]にXamarin用のAddinが加わったものであり、十分な機能と生産性を持ってはいますが、やはりAndroid Studioほどの開発効率の高さは持ち合わせていません[10]。

総じて、「Xamarin.Androidで使うIDEは、Android Studioよりは若干劣る」といえます。

新しいIDE、JetBrains Rider

その JetBrains が現在開発中なのが「JetBrains Rider[11]」という新しい.NET用のIDEです。クロスプラットフォーム対応[12]、Xamarin のアプリ開発もサポートし、R#のエンジンも搭載しています。2017年6月現在、EAP（Early Access Program）にて誰でも試すことができ、Xamarin.Android、Xamarin.iOSのプロジェクトもビルド、実行、デバッグできます。

キーボードショートカットなどの定義がほぼ同じなので、Android Studio の利用者は入りやすいと思います。筆者もすでに「C#コードエディタ」として使用していますが、今後のリリースが楽しみです。

Gradleビルドシステム

Gradle ビルドシステムは、Androidのアプリやライブラリ開発の非常に重要な要素のひとつです。Androidデータバインディングや、Product Flavor、Android-APT（Annotation Processing Tool）を使用したライブラリなどは、Gradleによるビルド時にコード生成させることで実現しています。

Gradle ビルドシステムや*.gradleファイルは、Xamarin.Androidでは使用できません。Xamarin.Androidでは、.NET/Monoの世界で培われて来た「msbuild[13]」「xbuild[14]」ビルドシステムを使用します。通常これらはIDEの陰に完全に隠れているので直接触れることはありませんが、もしあなたがビルド時に何か特別なことをしたい場合は、これらについて学ぶ必要があります。どちらもXMLによるタスクの記述が必要なので、その点でも利用者を苦悩させるでしょう。

パッケージ管理システム

ネイティブのAndroidアプリ開発ではライブラリ開発者は、maven、JitPackといったリポジトリにライブラリを登録し、利用者は*.gradleファイルに利用パッケージを記述することで、ライブラリを自動でダウンロード、組み込むことができます。

Xamarin.Android用（というか.NET製）のライブラリは、「NuGet」と呼ばれるパッケージマネージャーから提供されることがほとんどです。ライブラリ開発者は、NuGetにライブラリを登録し、利用者はNuGetから使用したいライブラリを選択してプロジェクトに登録します。通常は、Visual Studioなどの IDE に付属している NuGet パッケージマネージャーでライブラリを追加・削除しますが、ライブラリの情報はNuGetのウェブサイト[15]から閲覧できます。

Xamarin Components

かつて XamarinがNuGetに対応する以前より、「Xamarin Components[16]」という Xamarin 専用のコンポーネントストアがありました。こちらには有償のライブラリもいくつか販売されていました。

マイクロソフトに買収され、このストアは廃止されるのかなーと思っていましたが、なぜか今でもしぶとく生き残っていて、中にはここにしかないライブラリもあります。とはいえ、Xamarin Componentsはもはや活発ではないので、同じライブラリがNuGetとComponents両方にあったら、

図 1.7: NuGet のウェブサイトから Xamarin でパッケージを検索した結果

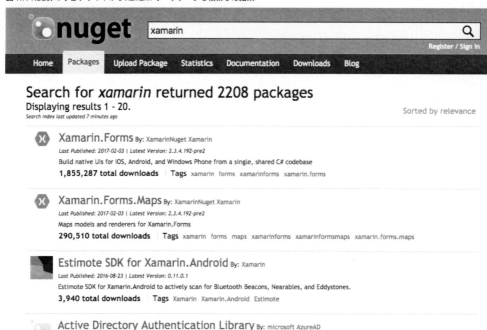

迷わず NuGet の方を使いましょう。

Google Play services

ここまで、「Xamarin.Android では使用できません」という説明が続いてきましたが、安心してください、Google Play services は、Xamarin.Android でも使用できます。

Google Play services を使用するためのライブラリは Xamarin チームから提供されています。前述の NuGet パッケージマネージャーから入手します。

本家の Google Play services と同じく[17]、Xamarin.Android 向けの NuGet パッケージも個別のサービスに分かれています。

Android Instant Apps

Instant Apps[18] は、Google が 2016 年 5 月に発表、2017 年 2 月に正式リリースした Android アプリの新しい形式で、Web ブラウザからリンクをタップしたり、NFC にタッチしたりするだけで、インストールなしにアプリの機能を実行できるようになります。

その仕組みは、Instant Apps のために機能別に「小分け」された容量の小さい apk が、リンクのタップなどのタイミングでダウンロードされ即座に実行されるものです。ユーザーが「アプリをインストールする」という手間が必要ないため、これまでよりもたくさんの人にリッチな体験を提供できるとして注目されています。

さてこの Instant Apps ですが、Xamarin.Android での対応は現状では難しいと予想されます。In-

図1.8: NuGetパッケージマネージャーで検索したGoogle Play servicesライブラリ群

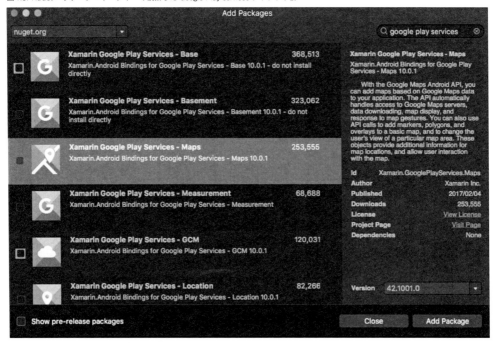

stant Appsでは前述の通り「機能別に小分けされた容量の小さいapk」が必要になりますが、その最大サイズは4MBまでとされています[19]。Xamarin.AndroidはapkにMonoランタイムを同梱しなければならないため、この容量制限はXamarinにとっては不利です。このため、XamarinでInstant Appsが開発できるかは今後も未知数です（が、可能性がゼロでもなさそうです[20]）。

1.3 Javaの資産をXamarin.Androidで使用する

Xamarin.Androidは、Android SDKのAPIを100%ラップしているわけですから、その仕組みを使って、自分が開発した、あるいはオープンソースやサードパーティのJava製ライブラリをラップできます。その仕組みは「Binding」と呼ばれており、そうして作られたライブラリを「Bindingライブラリ」と呼びます。

主なBindingライブラリ

先に紹介したGoogle Play servicesをXamarin.Androidで使用可能にしたものもBindingライブラリです。他にも、Java製の主要なライブラリはすでにBindingライブラリが作成されています。

・Square Picasso - https://www.nuget.org/packages/Square.Picasso
・Glide.Xamarin - https://www.nuget.org/packages/Glide.Xamarin/
・Square OkHttp - https://www.nuget.org/packages/Square.OkHttp3/
・LeakCanaryXamarin - https://github.com/valentingrigorean/LeakCanaryXamarin

- CallygraphyXamarin - https://www.nuget.org/packages/CallygraphyXamarin/
- Lottie - https://www.nuget.org/packages/Com.Airbnb.Android.Lottie/

Bindingライブラリの作成

Bindingライブラリを自作するには、Binding Libraryプロジェクトを使用するのが簡単です。Binding Libraryプロジェクトを作成するには、新規プロジェクトで、図1.9のように、「Binding Library」を選択します。

図1.9: Bindingプロジェクト作成ダイアログ

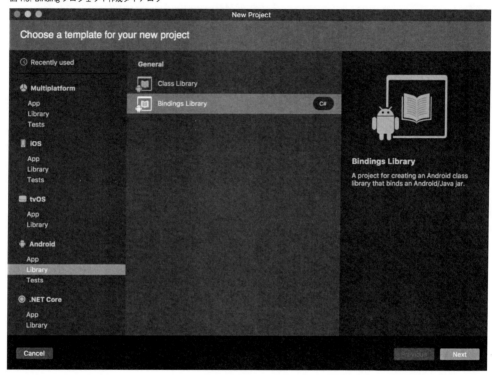

単純なクラスライブラリであれば、作成されたプロジェクトの/Jarsディレクトリにxxxx.jarファイルを追加するだけで、Bindingライブラリになります。

Java Bindingライブラリについては、公式サイト[21]やインサイドXamarin[22]が詳しいので、参考にしてください。また、Objective-C/Swiftで書かれたiOS向けのライブラリをXamarin.iOSで使えるようにするBindingももちろんあります[23]。

Androidのライブラリに「インスパイア」されたライブラリ達

Bindingライブラリではありませんが、Androidのライブラリにそっくりな APIを提供するXamarin向けのライブラリがあります。

Stiletto[24]は、Androidで人気の高いDIコンテナであるDagger[25]をC#に移植したものです。Daggerは「短剣」、Stilettoも「短剣」です。

Refit[26] は、同じく Retrofit[27] に影響を受けて C# で開発された REST API クライアントライブラリ
です。

‖‖‖

1.4　C#の利点

　Xamarin を選択する理由として、クロスプラットフォームでコードを共有できることの他に、単
純に「C#が使えるから」という点もあるかも知れません。Java7 や Objective-C はとても冗長で、書
いていて楽しいものではありませんでした（少なくとも私は）。今日では Java8 や Retrolambda ある
いは Kotlin、iOS アプリ開発では Swift と、モダンな言語が使えるようになりましたが、総合的には
まだ C# に利点があります。その代表的な例を少し紹介します。

非同期処理（async/await）

　大抵の言語では入れ子になってしまう非同期処理の連続も、async/await 構文を使うとフラット
に書けます。このコードの可読性の高さは大きな魅力です。

リスト 1.3: 非同期処理の例（Java）

```
 1: private void sendDataAsZip(String srcUrl, String destUrl)
 2:     // 1. データをダウンロードして
 3:     downloadAsync(srcUrl, new DownloadCallBack() {
 4:         @Override
 5:         protected void onDownload(byte[] data) {
 6:             // 2. ZIP圧縮して
 7:             zipAsync(data, new ZipCallback() {
 8:                 @Override
 9:                 protected void onZipped(byte[] zipped) {
10:                     // 3. 別なところに送信
11:                     sendAsync(zipped, destUrl, new SendCallback()
12:                     {
13:                         @Override
14:                         protected void onSent() {
15:                             // 送信完了
16:                         }
17:                     });
18:                 }
19:             });
20:         }
21:     });
22: }
```

第1章　Xamarin.Android で始めるクロスプラットフォームモバイルアプリ開発　　21

リスト 1.4: 非同期処理の例（C#）

```
 1: private async void SendDataAsZip(string srcUrl, string destUrl)
 2: {
 3:     // 1. データをダウンロードして
 4:     var data = await DownloadAsync(srcUrl);
 5:     // 2. ZIP圧縮して
 6:     var zipped = await ZipAsync(data);
 7:     // 3. 別なところに送信
 8:     await SendAsync(zipped, destUrl);
 9:     // 送信完了
10: }
```

リスト1.3とリスト1.4は、

1．データをダウンロードする

2．データをZIP圧縮する

3．圧縮データを送信する

という非同期処理の連続を、JavaとC#で書いたものです。Javaでは非同期処理の結果をコールバックメソッドで受信するため、どうしてもコードのネストが深くなって可読性が低くなってしまいます。が、C#ではawait演算子を付けて呼び出したメソッド[28]は非同期で実行されますが、その次の行のコードはSendDataAsZipメソッドを呼び出したスレッドで「継続的に」実行されます。

ラムダ式とLINQ to Objects

Androidネイティブでのラムダ式は、RetroLambda[29]の導入や、Java8（とJackツールチェイン[30]）の有効化によって利用できます。

Xamarin.Androidの現行バージョンである7.2において利用できるC# 6では標準でラムダ式が使用でき、コールバックやイベントハンドラはもちろん、メソッドの実装にすらラムダ式を適用できるようになっています。

リスト 1.5: ラムダ式の例（C#）

```
protected override void OnCreate(Bundle bundle)
{
    /* 中略 */

    // イベントハンドラ with ラムダ式
    button.Click += (sender, args) =>
    {
        ShowToast("Button clicked!");
    };
```

22 ┃ 第1章 Xamarin.Android で始めるクロスプラットフォームモバイルアプリ開発

```
}

// メソッド自体もラムダ式で書ける
private void ShowToast(string text) =>
    Toast.MakeText(this, text, ToastLength.Short).Show();
```

LINQ to Objectsは、コレクションに対する一般的な操作を集約したライブラリです。Android
のJavaでは、外部ライブラリ（Lightweight-Stream-API[31]など）や、Stream API（Java8を有効化
すると使用可能）で同様の機能を利用できますが、LINQはそれらよりも豊富な機能を提供します。
たとえばLINQは、Intersect（積集合）やUnion（内部結合）などの少し複雑な合成処理も行え
ます[32]。

リスト1.6: LINQ to Objectsの例（C#）

```
// 0～9 を、偶数値だけ抽出して、降順にソートして、値を10倍する
var list = Enumerable.Range(0, 10)
  .Where(x => x % 2 == 0)
  .OrderByDescending(x => x)
  .Select(x => x * 10);
// 結果: 80 60 40 20 0

// ↑の結果と [40, 20, 10] との積集合を取得する
var intersections = list.Intersect(new[] {40, 20, 10});
// 結果: 40 20
```

LINQ to なになに

LINQはLanguage INtegrated Queryの略で、「統合言語クエリ」が正式名称ですが、そう呼んで
いる人は見たことがありません。LINQ自体は次のようなさまざまなデータソースに対応しており、
それぞれ「LINQ to なになに」と命名されています。
・LINQ to Objects - 配列やリストなどの「オブジェクト」を操作対象とする
・LINQ to XML - XMLドキュメントを操作対象とする
・LINQ to SQL - SQL Serverデータベースを操作対象とする
近年、特にXamarinによる開発では、LINQ to Objects以外を使用することはほとんどないでしょ
う。LINQにはクエリ式（クエリ構文）という、var addressName = from x in addressList
select x.Name;のようにSQLライクに記述できる構文がありますが、こちらもあまり使われてい
ないようです。

型推論と匿名型

C#ではメソッド内のローカル変数において、変数の型宣言を省略できるvarキーワードが使えま

第1章　Xamarin.Androidで始めるクロスプラットフォームモバイルアプリ開発　23

す。長いクラス名などを利用するときは、コードの可視性を上げることができます[33]。

リスト 1.7: 暗黙型の例（C#）

```
// Javaでは型宣言は省略できない（ダイヤモンド演算子で右辺は省略できる）
HashMap<String, List<Integer>> dic = new HashMap<>();
TooLoooongYourClass myClass = new TooLoooongYourClass();

// C#ではvarキーワードで型を推論推論させられる（ダイヤモンド演算子は使用できない）
var dic = new Dictionary<string, IList<int>>();
var myClass = new TooLoooongYourClass();
```

匿名型は、スコープ内で定義して使えるデータ型です。タプルTupleのようなものですが、より明確にプロパティ名を定義できます。一般的には、LINQのメソッドチェーンの中で一時的に受け渡しされるデータの型としてよく使われます。

リスト1.8は、["Ito", "Aoki", "Saito", "Takagi"] という文字列のリストから、偶数番目のものだけを抽出するLINQを使ったコードですが、文字列とそのインデックスのペアを new {Name = n, Index = i + 1}という匿名型のデータを生成して後続に渡し、Where句で匿名型の.Indexプロパティを使用して偶数番目かどうかを判定しています。

リスト 1.8: 匿名型の例（C#）

```
var names = new[] {"Ito", "Aoki", "Saito", "Takagi"}
    .Select((n, i) => new {Name = n, Index = i + 1})
    .Where(x => x.Index % 2 == 0)
    .Select(x => x.Name);
// 結果: Aoki, Takagi
```

少しNull安全

リスト1.9とリスト1.10は、ありがちなnullチェックをJavaとC#で比較したものです。C#では、null条件演算子（?.）やnull合体演算子（??）を使って、Javaに比べて短いコードで比較的安全にnullを判定できます。

リスト 1.9: null との付き合いの例（Java）

```
1: if (hoge != null) {
2:     hoge.DoSomething();
3: }
4:
5: String text = "none";
6: if (hoge != null && hoge.fuga != null) {
```

24 | 第1章 Xamarin.Android で始めるクロスプラットフォームモバイルアプリ開発

```
7:     text = hoge.fuga.ToString();
8: }
```

リスト 1.10: null との付き合いの例（C#）

```
1: hoge?.DoSomething();
2:
3: var text = hoge?.fuga?.ToString() ?? "none";
```

　ただし、KotlinやSwiftなどのように厳密にNullを区別しているわけではありません。通常のクラスは、常にnullになりえることに注意する必要があります。（プリミティブなデータ型（int, floatなど）や構造体の所謂「値型（ValueType）」は通常nullにはできません。）

C# vs Kotlin

　Kotlin[34]は、Androidアプリ開発者が今すぐ乗り換えることができる、Javaと非常に親和性の高い言語です。2017年5月、GoogleがAndroidアプリ開発言語に選定したことでも注目度が増しています。モダンな言語仕様で、Androidアプリ開発者に人気の高い言語です。主な特徴は次のとおりです[35]。

- ・セミコロンレスなどの簡潔な構文
- ・async/await - asynchronous coroutine のひとつとして、1.1で搭載予定[36]
- ・ラムダ式 - 使用可能
- ・型推論と匿名型[37] - 型推論はvar（再代入可）やval（再代入不可）が使用可能
- ・Null安全 - デフォルトでnull代入不可。smart cast（Flow-Sensitive Type）による簡潔かつ安全なnull判定
- ・パターンマッチで、柔軟な条件判定とデータの抽出が可能

　このように、「言語のモダンさ」だけでいえばKotlinの方が優れています。Androidアプリだけを開発するのであれば、間違いなく積極的に採用していきたい言語です。

　Kotlinはまだ歴史が短いため今後のバージョンアップで後方互換製を重視するのか、あるいはSwiftのように敢えて破壊的変更を伴うバージョンアップによってモダンさを維持するのか分かりません。C#は、下位互換性を維持したままモダンな要素を取り入れる方式で進化してきましたし、今後もそうだと思います。また、JVMに依存するKotlinと違って、.NETフレームワーク/Monoと共に進化できる強みがあります。

Xamarinが対応しているC#のバージョン

　2017年6月現在、C#の最新バージョンは「7.0」です[38]。Xamarin製品群の最新バージョンはこのC# 7.0に対応しており、Visual Studio 2017やVisual Studio for Macで最新の言語機能を使用できます。C# 6.0まではC#のコンパイラが.NET FrameworkとMonoで異なっていたため、開発環境により最新言語への対応に時間差がありましたが、C# 7.0からはどちらもRoslyn/cscを使用するよ

第1章　Xamarin.Android で始めるクロスプラットフォームモバイルアプリ開発　　25

うになり、今後の言語のバージョンアップ[39]には、ほぼ時間差なく使用できると期待できます。

1.5 クロスプラットフォームアプリ開発とコードの共有

さて、前置きが非常に長くなってしまいましたが、この章のタイトルはXamarin.Androidで始める**「クロスプラットフォームモバイルアプリ開発」**です。ここからは、「AndroidとiOSアプリケーションをほぼ同じ画面・仕様で作る」という仮定で、どのようにコードを共通化し、その箇所を最大化するのかを説明していきます。

Xamarin.iOSとは

まず、共通化の前に、Xamarin.Androidと双璧をなすXamarin.iOSについて、少々説明しておきましょう。Xamarin.iOSはiOSアプリ開発で使用されるCocoaTouchをラップしてC#から呼び出せるようにしたものです。`ViewController`や`CLLocationManager`などのクラスがC#として利用できるほか、`*.storyboard`、`*.plist`などのファイルはXcodeプロジェクトでのそれとまったく同じものが使用できます[40]。

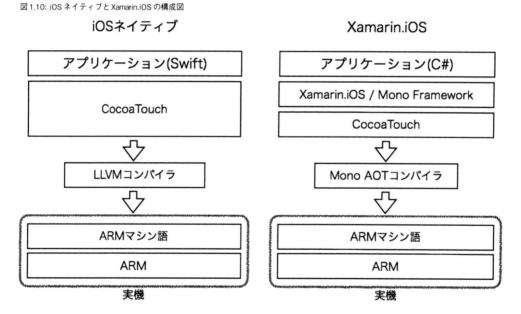

図1.10: iOSネイティブとXamarin.iOSの構成図

図1.10で示したXamarin.iOSの実行形式はXamarin.Androidと大きく異なり、中間言語（MSIL）とMonoランタイムをアプリに同梱するのではなく、事前にiOS向けの実行可能バイナリとしてコンパイルします。これは「AOT（Ahead of Time）」コンパイルと呼ばれています。そのため、リフレクションなど、実行時に解釈される前提で作成された一部のコードは動作しない可能性があります。このようなAOTによる制限事項は公式サイト[41]に記載されています。

.NETフレームワーク（Mono）の活用

改めてですが、Xamarin.AndroidとXamarin.iOSは、.NETフレームワークのオープンソース実装であるMonoの上に成り立っています。Monoに含まれるクラスを使用したコードは、それぞれのプラットフォーム向けのMono実装の上で動作します。

コード共有の第一歩は、このMono標準ライブラリの活用です。たとえば、リストを表現するクラスは、Androidネイティブだとjava.util.ArrayList<T>、iOSだとNSArrayを使用します。Xamarin.AndroidやXamarin.iOSでもこれらのクラスは100%ラップされているので使用できますが、そのそれぞれのプラットフォームでしか動作しません。そこでMonoの出番です。ArrayList<T>やNSArrayを、Mono標準ライブラリに含まれるSystem.Collections.Generic.List<T>に置き換えたコードは、Android向けとiOS向けでまったく同じとなります。

次に示すコードは、「2017年の1月から12月までの月毎の日数をリストで返す」という関数を、Java API（をラップしたXamarin.Android）、CocoaTouch（をラップしたXamarin.iOS）で実装したもの、続いてMonoのクラスを使用したものです。

リスト1.11: 月毎の日数を得る関数の例（Xamarin.Android）

```
 1: private ArrayList GetDaysInMonths()
 2: {
 3:     var daysInMonths = new ArrayList();
 4:     var cal = Calendar.GetInstance(Locale.Default);
 5:     cal.Set(2017, 1, 1);
 6:
 7:     for (int i = 0; i < 12; i++)
 8:     {
 9:         cal.Set(CalendarField.Month, i);
10:         daysInMonths.Add(cal.GetActualMaximum(CalendarField.Date));
11:     }
12:
13:     return daysInMonths;
14: }
```

リスト1.12: 月毎の日数を得る関数の例（Xamarin.iOS）

```
 1: private NSArray GetDaysInMonths()
 2: {
 3:     var daysInMonths = new NSMutableArray();
 4:     var cal = NSCalendar.CurrentCalendar;
 5:
 6:     for (int i = 1; i <= 12; i++)
 7:     {
 8:         var dateComp = new NSDateComponents()
```

第1章　Xamarin.Androidで始めるクロスプラットフォームモバイルアプリ開発　27

```
 9:        {
10:            Year = 2017,
11:            Month = i + 1,
12:            Day = 0
13:        };
14:
15:        var date = cal.DateFromComponents(dateComp);
16:        var dayComp = cal.Components(NSCalendarUnit.Day, date);
17:
18:        daysInMonths.Add(NSObject.FromObject(dayComp.Day));
19:    }
20:
21:    return daysInMonths;
22: }
```

リスト 1.13: 月毎の日数を得る関数の例（Xamarin.Android と Xamarin.iOS 共通）

```
 1: private IList<int> GetDaysInMonths()
 2: {
 3:     var daysInMonths = new List<int>();
 4:     for (int month = 1; month <= 12; month++)
 5:     {
 6:         daysInMonths.Add(DateTime.DaysInMonth(2017, month));
 7:     }
 8:
 9:     return daysInMonths;
10: }
```

　リストに加え、日付型はSDKによって扱いが異なるため、明確に差の出るコードを示すことができました。

　リスト1.11はXamarin.Androidでしか動作しません。Java APIの`Calendar`クラスを使用しているためです。Javaでは月を0〜11までの「インデックス」で表すのが特徴的です（よくハマりますよね？）。

　リスト1.12は、Foundation frameworkの`NSCalendar`, `NSDate`クラスなどを使用している、Xamarin.iOS専用の実装です。「2017年2月0日は存在せず前日の2017年1月末日を示す」ことを利用した少々判りにくい実装になっています。

　Monoを利用した実装、リスト1.13では、`DateTime`クラスを使用しています。このコードは、Xamarin.AndroidとXamarin.iOSどちらでも実行できます。

　このように、JavaやiOSのSDKに依存するコードをMono標準ライブラリベースに置き換えることで、そのコードはクロスプラットフォームで動作可能になります。一方でそれは、JavaやiOSのクラスライブラリに関する知識を捨て、.NET開発の知識を身につける必要があることを意味しま

28 　第1章　Xamarin.Android で始めるクロスプラットフォームモバイルアプリ開発

す。Xamarinのクロスプラットフォームでの動作は、Mono/.NETフレームワークありきですから、その為に.NET開発の知識と作法が必要なのは必然です。これまでの知識が適用できない、新しい知識を得なければならないことに抵抗があるかもしれませんが、Mono標準ライブラリやその実装元である.NETフレームワークはとても機能豊富で強力です。リスト1.13の実装がもっとも可読性が高く、行数も少ないのははたして偶然でしょうか？

プラットフォーム固有のAPIに依存しているコードを、どのくらいMono標準ライブラリを使用したコードに移植できるか、そのためにや.NET開発の知識を増やすこと。これがXamarinにおけるクロスプラットフォーム対応の第一歩であり、すべてと言っても過言ではありません。

PCL（Portable Class Library）

前項では、「コード」の共通化について述べました。共通のコードが増えてくると、それをモジュール化して別のプロジェクトでも再利用したくなるのがエンジニアでしょう。

.NETの世界での再利用可能なクラスライブラリは「アセンブリ」と呼ばれ拡張子は*.dllです[42]（Javaでいうところの*.jarですね）。しかし通常、アセンブリを作成してもそれはそのプラットフォームでしか動作しません（Xamarin.Androidプラットフォームで作成したアセンブリはXamarin.iOSでは利用できません）。

それを複数のプラットフォームで動作するように考えられた仕組みがPCL（Portable Class Library）です。クラスライブラリをPCLとして作成すると、同じクラスライブラリのバイナリが、Xamarin.Android、Xamarin.iOS、あるいはWindowsも含めた複数のプラットフォームで使用できるようになります。PCLは対応させたいプラットフォームの組み合わせによってプロファイルという定義があり、たとえば、Xamarin.Android、Xamarin.iOSと、Windows8以降やUWPなど一般的なWindows環境に対応したプロファイルは「Profile259[43]」です。

図1.11: PCLのプロファイルの例

PCLでは、Monoや.NETフレームワークのすべてのAPIが使用できるわけではありません。プロ

ファイルで選択したすべてのプラットフォームで動作可能なAPIのみを使用できます。そのため、PCLとして作られたクラスライブラリのみで目的を達成できることは少なく、「Bait and Switch[44]」と呼ばれるトリックを使ってプラットフォーム固有の処理を行わせるようにする場合がほとんどです。

共通化できる一般的な機能

上記で紹介したMono標準ライブラリとPCLを使い、プラットフォームに依存しないコードで実現できる機能がたくさんあります。ここではその一部を紹介します。

- ・データ入出力 - PCLStorage[45]、Mono標準ライブラリの`System.IO.Stream`クラスなど
- ・データベース - SQLite-net PCL[46]やRealm Xamarin[47]など
- ・通信 - Mono標準ライブラリの`System.Net.Http.HttpClient`クラス
- ・JSONシリアライズ/デシリアライズ - Json.NET[48]
- ・ZIP圧縮 -`System.IO.Compression.ZipFile`クラス
- ・図形描画 - NGraphics[49]、SkiaSharp[50]など
- ・暗号化 - BouncyCastle-PCL[51]、PCLCrypto[52]など

||||||||||||||||||||||||||||||||||||||||||||||||||||||||||||||||||||||||||||||||||||||||||||||||||

Shared Project

Shared Projectは、PCLと並び紹介されるコード共有手法ですが、一言でいえば「C言語の`#ifdef`」です。ソースコードをXamarin.AndroidとXamarin.iOSで共有し、Android固有の箇所を`#if __ANDROID__` ～ `#endif`で囲みます。このブロックはXamarin.Android以外のプロジェクトでは評価されないため、共通コードの中にプラットフォーム固有の処理を混ぜることができます。しかし`#if`～`#else`を多用せざるを得なくなるとコードの可読性が著しく落ちるなど、PCLに比べてデメリットが大きいため、筆者は採用していません。

||||||||||||||||||||||||||||||||||||||||||||||||||||||||||||||||||||||||||||||||||||||||||||||||||

1.6 Xamarin.Formsとは

Xamarin.Formsは、AndroidとiOS（とその他）で、画面の実装を共通化するフレームワークです。XAMLやValueConverter、バインド可能なプロパティなど、WPF（Windows Presentation Framework）の要素を多く取り入れ、WPF/C#開発者に人気の高いフレームワークであり、マイクロソフトも積極的にこれを訴求してい（るように見え）ます。

Xamarin.Formsが行っていることは単純です。たとえばテキスト入力ボックスならば、Androidの`EditText`とiOSの`UITextField`に共通なインターフェース（`Entry`）を定義し、両者をラップします。そのため、Xamarin.Formsで作られたアプリケーションのUIはそれぞれのプラットフォームのUIそのものです。

独自のコントロールを作る仕組み

コントロールとは、画面に配置するUIパーツ（Androidでは`Button`や`EditText`などの`View`）

30 　第1章　Xamarin.Android で始めるクロスプラットフォームモバイルアプリ開発

図 1.12: Xamarin.Forms で開発されたアプリケーションの例（公式サイトより）

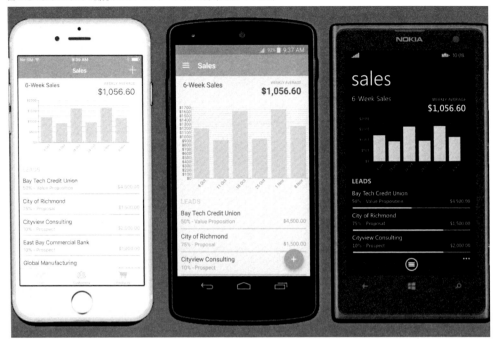

を指します。目的のコントロールがXamarin.Formsの標準コントロール群に含まれていない場合、「カスタムレンダラー[53]」という仕組みをつかって、独自のコントロールを自作できます。

公式サイトの「Implementing a View[54]」では、「カメラのプレビューをするコントロール」を例にして、独自のコントロールを作成する方法を説明しています。その仕組みを図にしたものが 図1.13 です。

図 1.13: カスタムレンダラーの仕組み

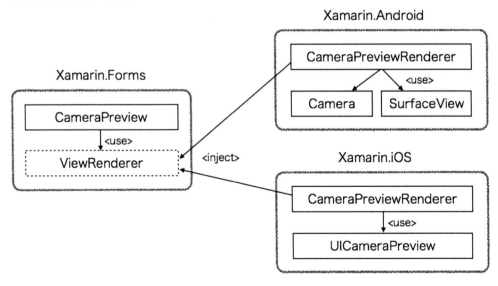

第1章　Xamarin.Android で始めるクロスプラットフォームモバイルアプリ開発　　31

独自のコントロールを作るには、まずXamarin.Forms.Viewクラスから派生したクラス（ここではCameraPreview）を作ります。Xamarin.Forms.Viewから派生したクラスは、自身の描画のためにViewRendererを使用しますが、ここにプラットフォーム固有のレンダラーを注入できる仕組みが備わっています。

プラットフォームサイドでは、ここに注入するカスタムレンダラー（図1.13の2つのCameraPreviewRenderer）を作成します。プラットフォームサイドでは、Xamarin.AndroidまたはXamarin.iOSのAPIがフルに使用できるので、AndroidであればCameraクラスとSurfaceViewクラス、iOSであればUICameraPreviewクラスを使用して、「カメラをプレビューする処理」を実装します。

あとは、ちょっとしたおまじないにも見える[assembly:ExportRenderer]属性をCameraPreviewRendererに付ければ完成です。

こうして作られたCameraPreviewは、AndroidではCameraクラスとSurfaceViewクラスによってカメラのプレビューが描画され、iOSではUICameraPreviewクラスが使用されます。

Xamarin.Formsの本当の利点

Xamarin.Formsの本当の利点は「ネイティブの部品を容易にXamarin.Forms化できる」ことです。

ほとんどすべてのクロスプラットフォーム開発ツールは、「ネイティブのAPIをプラットフォーム間で共通なAPIとして公開する」ために「ブリッジ」を必要とします。ブリッジとは、共通APIを呼び出したときにネイティブのAPIが実行されるように「橋渡し」をすることです。ブリッジの実装にはネイティブの開発言語や、DSL（Domain-Specific Language）を使用する必要があります。たとえばReact Nativeでは、AndroidネイティブのAPIをJavaScript側にブリッジする箇所はJava言語で書かなければなりません。このため、部品の開発は分断され、アプリケーションを実行しながらネイティブの部品をデバッグすることは非常に難しいでしょう。

Xamarin.FormsはXamarin.Android、Xamarin.iOSの上に成り立っているので、プラットフォーム共通APIもネイティブのAPIもブリッジ層も、すべて**同じ言語（C#）、同じIDE（Visual Studio）を使って開発・デバッグ**できます。

「Xamarin.Formsはまだ発展途上で……」という人がいますが、筆者はそう思いません。Xamarin.Formsは**実戦投入できるフレームワーク**です。複数プラットフォームで辻褄を合わせる必要があるため標準のコントロールが少ないのは当然で、「足りなければ自作すればよい、簡単にできるのだから[55]」という方針なのだと筆者は考えています。

対応プラットフォームの広がり

2017年6月現在、Xamarin.Formsが対応しているプラットフォームは次のとおりです。

・Android（Xamarin.Android）

・iOS（Xamarin.iOS）

・UWP（Universal Windows Platform、いわゆるWindows10向けのモダンアプリ）

さらに次のプラットフォームへの対応が進行中です[56]。

・macOS（Xamarin.Mac）

・Windows(WPF)

・Linux(GTK#)

・Tizen

macOSへの対応は、Xamarin.Formsのリポジトリに「macOS」ブランチ[57]として開発が進んでいます。

次に、WPF(Windows Presentation Foundation)への対応は、XamarinのCTOであるミゲル・デ・イカザ氏が2017年2月にTwitterで気になる発言[58]をしていました。WPF向けの実装を手助けしてくれるパートナーが見つかったということでしょうか。

さらに、Xamarin.FormsがGTK#[59]に対応することでLinuxでも動作可能なアプリを開発できるようになります。GTK#は、クロスプラットフォームのGUIツールキットであるGTK+(The GIMP Toolkit)を.NET向けにラップ（バインディング）したライブラリで、つまりGTK#が動作可能なLinux環境向けならば、Xamarin.Formsでアプリ開発が可能ということになります。

Tizenへの対応の発表は、驚きと共に迎え入れられました。これはマイクロソフトやXamarinではなくサムスン（Samsung Electronics）社によるコントリビューションです[60]。その実装をハックしてくれた[61]方もいます。

これらの試みは実現度は未知数ながらも、とても面白い挑戦で、また、Xamarin.FormsのAPI設計に興味をかきたてられます。

1.7　MVVM+Rxによるモダンなアプリケーション開発

モバイル・アプリケーションへの要求が複雑化するにつれて、さまざまなアーキテクチャやアプリケーション・デザインパターンが試されてきました。現在支持を集めているもののひとつのが、MVVM（モデル-ビュー-ビューモデル）による責務分割と、非同期処理と相性のよいReactive Extensions（Rx）の採用です。この節では、MVVMとRx、及びそれらの付帯機能についておさらいします。

MVVMパターン

MVVM（モデル-ビュー-ビューモデル）は、MVCから派生したソフトウェアアーキテクチャパターンであり、マイクロソフトがWPF向けに提唱したパターンです。モバイルアプリの開発でも、よりよいアプリケーションパターンが模索される中で注目され、Androidでデータバインディングがサポートされたことで、MVVMパターンを適用するケースが増えてきています。

MVVMの特徴はビューモデルです。ビューモデルはビューには依存しませんが、ビューの為にあらゆることをします。ビューからの（「ボタンが押された」等の）アクションを受信し、ビューに必要なデータを得るために、モデル層にあるユースケースオブジェクトを使用して結果を得ます。ビューからバインドされた「変更通知プロパティ」にモデルから得たデータをセットすることで、ビューがそれに反応し、画面が更新されます。

第1章　Xamarin.Android で始めるクロスプラットフォームモバイルアプリ開発　33

図 1.14: MVVM の概念図（Wikipedia より）

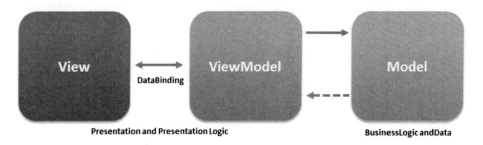

MVVM及びモデル層については、Twitter ID @ugaya40氏の「MVVMのModelにまつわる誤解[62]」があまりに有名なので、関連情報も含めて一読しておくことをオススメします。

変更通知プロパティ

自身の値の変更を外部に通知する機能を備えるプロパティのことです。

Androidデータバインディングでは、`BaseObservable`から派生したクラスのプロパティや`ObservableField<T>`が相当します[63]。Xamarinでは（というか.NETでは）、`System.ComponentModel.INotifyPropertyChanged`インターフェースを実装したクラスのプロパティがこれに該当します。この実装はちょっと面倒ですが、後述する「ReactiveProperty」を使うと、非常に簡潔に実装できます。

コマンド

コマンド（Command）は、Androidデータバインディングには無い概念なので少し掘り下げて説明します。コマンドは「操作」を示す概念で、FluxのActionに近いともいえますし、GoFの「コマンド・パターン」のそれともいえます。MVVMにおけるコマンドは、次の要素を持ちます。

・実行された時に行われる処理
・コマンドが実行可能かを示すプロパティ
・コマンドが実行可能かが変わった時に発行されるイベント

コマンドはもっぱら、コントロールのイベントと結び付けられます。たとえばボタンを押した時、リストビューのアイテムを選択した時、などです。そしてコマンドがバインドされたボタンは次のように振る舞います。

・ボタンを押す → コマンドの処理を実行する
・コマンドが実行可能かが変わった時 → 変更値に応じてボタンのEnabledを変える

つまり、コマンドは「操作とそれが実行可能かどうか」を抽象化した概念、といえます。

データバインディング

データバインディングは、ビューとビューモデルを繋げる仕組みです。これは主に「変更通知プロパティ」と「操作を示すコマンド」をビューモデルが公開し、ビューが自身の「バインド可能なプロパティ」にそれらを結びつける（バインドする）ことです。

「バインド可能なプロパティ」は、Android データバインディングでは属性により実現されており、属性付きのメソッドを自作することでカスタマイズできます[64]。

Xamarin.Android では Android データバインディングを使用できないため「バインド可能なプロパティ」はありませんが、Xamarin.Forms では BindableProperty[65] として用意されています。これを作成することで、「変更通知プロパティ」とバインド可能なプロパティとして公開することができます。

変更通知プロパティをコントロールとバインドする際に「バインディングモード」を指定します。これには次の3種類があります。

・OneWay- 変更通知プロパティが変更された時にコントロールの値を更新します
・OneWayToSource-OneWay の逆、コントロール側で変更された値を、変更通知プロパティに通知します
・TwoWay- 上記2つの性質を合わせ持ちます
・OneTime- 変更通知プロパティの初回の変更時のみ、コントロールの値を更新します（Xamarin Forms 3.0 で追加予定[66]）

TwoWay を使用するとデータの流れを単方向にできなくなるため、なるべく OneWay で済ませるのが良いとされています。

Reactive Extensions（Rx）

Reactive Extensions（Rx）[67] は、マイクロソフトが開発した「非同期処理向けの LINQ」ともいえるライブラリで、2012年にオープンソース化されました。その後、Java（RxJava）や Swift（RxSwift）に移植され、それぞれのプラットフォームでもはや無くてはならない存在になっています[68]。特に RxJava の開発速度はとても速く、すでに本家 Reactive Extensions に先んじて Reactive Streams の仕様を実装し始めています[69]。置いてけぼりになっている C# の Reactive Extensions ですが、ライブラリとしては十分に枯れており、少しの API の古さに目を瞑ればまったく問題なく使用できます。

ReactiveProperty

ReactiveProperty[70] は、Rx の IObservable<T> をバインド可能なプロパティに変換する（あるいはその逆を行う）ライブラリです。

Rx はモデル層で使用されることが多いですが、Rx のストリームとして流れてきたデータを画面に表示などさせる場合には、ビューモデル層でストリームを受信（Subscribe）し、変更通知プロパティに設定しなければなりません。逆にビュー層で発生したイベント（=コマンド）をストリームに変換する必要もあります。ReactiveProperty は、MVVM 各層の変更通知プロパティ、コマンドとストリームのシームレスな相互運用を可能にします。

ReactiveProperty を使用する例として、「ストップウォッチアプリ」を想定してみましょう。モデル層にあるのはストップウォッチそのものを示すクラスです。StopWatchService とでもしましょう。StopWatchService は、計測の開始 Start メソッドと停止 Stop メソッドを持ち、実際の計測値は IObservable<long> な Time プロパティを公開します。ビュー層は画面です。ストップウォッ

第1章　Xamarin.Android で始めるクロスプラットフォームモバイルアプリ開発　35

図 1.15: ReactiveProperty の概念図（公式サイトより）

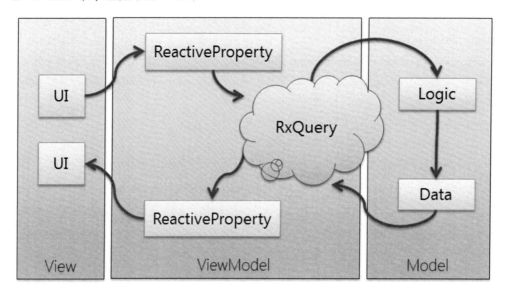

チなので、計測値を表示するラベルと計測開始ボタン、計測終了ボタンから成ります。両者をつなぐビューモデル層はReactivePropertyを使用すると、リスト1.14のように書くことができます。

リスト 1.14: ReactiveProperty を使用したビューモデルの例

```
 1: public class MainViewModel
 2: {
 3:     // 計測値を示すプロパティ（ビューのLabelとバインドされる）
 4:     public ReadOnlyReactiveProperty<string> Time { get; }
 5:     // 計測開始を示すコマンド（ビューのButtonとバインドされる）
 6:     public ReactiveCommand StartCommand { get; }
 7:     // 計測停止を示すコマンド（ビューのButtonとバインドされる）
 8:     public ReactiveCommand StopCommand { get; }
 9:
10:     // DI される事が望ましい
11:     private readonly StopWatchService _stopWatch = new
StopWatchService();
12:
13:     public MainViewModel()
14:     {
15:         // StopWatchServiceが刻む「時間」を
16:         //   文字列に変換して
17:         //   ReactiveProperty化する
18:         Time = _stopWatch.Time
19:           .Select(time => time.ToString("0.000"))
20:           .ToReadOnlyReactiveProperty();
```

```
21:
22:      // コマンドを生成する
23:      //    開始コマンドは、StopWatchServiceが実行中でない場合は使用可能、
24:      //    終了コマンドは、StopWatchServiceが実行中なら使用可能。
25:      StartCommand = _stopWatch.IsRunning.Select(x =>
!x).ToReactiveCommand();
26:      StopCommand = _stopWatch.IsRunning.ToReactiveCommand();
27:
28:      // コマンドが実行された時の処理
29:      //    開始コマンドが実行されたら、StopWatchのStartを呼ぶ。
30:      //    停止コマンドが実行されたら、StopWatchのStopを呼ぶ。
31:      StartCommand.Subscribe(_ => _stopWatch.Start());
32:      StopCommand.Subscribe(_ => _stopWatch.Stop());
33:   }
34: }
```

まず、`MainViewModel.Time`プロパティを見てください。

これは、`StopWatchService.Time`プロパティの（変更された）値を画面に伝搬しますが、`StopWatchService.Time.Subscribe`はしていません。またコマンド（`StartCommand,StopCommand`）の生成は、コマンドの実行可否＝ストップウォッチが実行中か（あるいは停止中か）から作成できます。こうすることで、コマンドにバインドされた計測開始ボタンは、自動的に計測中は使用不可になります（計測停止ボタンは、計測中のみ使用可能になります）。

これらのコードがすべてコンストラクタで記述できていることに注目してください。これらは「処理」ではなく、モデル層にある「データが流れ出てくる蛇口」に、自身の「ビューへデータを流すホース」を繋ぐという「定義」です。

`ReactiveProperty`は、ビューモデルをよりシンプルにしてくれる魔法の杖です。

||||||||||||||||||||||||||||||||||||||||||||||||||||||||||||||||||||||||||||||||||||||||||||||||
Android向けReactiveProperty

`ReactiveProperty`をAndroidネイティブのAndroidデータバインディング向けに移植した「Rx-Property Android[71]」というライブラリがあります。`ReactiveProperty<T>`は`RxProperty<T>`、`ReactiveCommand`は`RxCommand`として、ほぼそのままの感覚で使えます。レイアウトXMLでのバインディングの記述や、Kotlinでの使用にも対応しており、より簡潔にビューモデルを書けるでしょう。もっと注目されてよい、素晴らしいライブラリです。
||||||||||||||||||||||||||||||||||||||||||||||||||||||||||||||||||||||||||||||||||||||||||||||||

MVVMフレームワーク

MVVMの発祥がWPFであったこともあり、.NETの世界では、MVVMパターンを適用しやすく

するフレームワークやライブラリが多く登場しています[72]。特に、次の機能を有しているものを「フルスタックのMVVMフレームワーク」と呼びます。

- ビューモデルの作成補助（`BaseViewModel`を用意しているものが多いです）
- DI
- 画面遷移やダイアログボックスの表示
- Messenger[73]

これらの内、Xamarin（主にはXamarin.Forms）に対応しているものを少し挙げます。

MvvmCross

MvvmCross[74]は、フルスタックのMVVMフレームワークです。早い時期（Xamarinがマイクロソフトに買収される以前）からXamarinにも対応しており、そのためXamarin.Formsだけでなく、Xamarin.Android、Xamarin.iOSにも対応しています。データバインディング機構も備え、Xamarin.Androidではレイアウト XML に直接バインディングの定義を記述できます。日本では、NHK紅白歌合戦アプリがXamarinで開発されていることが知られていますが、それに採用されているフレームワークです[75]。

MVVM Light Toolkit

MVVM Light Toolkit[76]は、「Light」という名が示すとおり、軽量でシンプルな機能のみを提供します。それには、DIやダイアログボックスの表示は含まれません。フルスタックなフレームワークが多い中、「他のライブラリと組み合わせて使う」ことを考えると、貴重なライブラリなのかも知れません。

ReactiveUI

ReactiveUI[77]は、Rx を MVVM に取り入れた最初のフレームワークです。データバインディング、DI、Messengerなど、全面的にRxを採用し、MVVMで「Functional Reactive Programming」が可能とされています。

筆者の主観では、「ReactiveProperty」で代替できる要素が多いため、ReactiveUIを使うことは滅多にないですが、このライブラリの作者である Paul Betts 氏は、Splat[78]、Akavache[79]、refit[80]など、多くの有用な（しかもRxと親和性の高い）ライブラリを開発しており、ウォッチしておくべき開発者の一人です。

Prism/Prism for Xamarin.Forms

Prismは、WPFやUWPなどに対応したフルスタックのMVVMフレームワークで、Xamarin.Forms向けのライブラリがPrism for Xamarin.Formsです[81]。2017年6月現在もっとも勢いのあるライブラリで、筆者も「Xamarin.Formsをガチで使う時のプロジェクト構成（2016冬Ver）[82]」で紹介しています。Prism for Xamarin.FormsはXamarin.Formsに特化しており、それ故、Xamarin.Formsアプリケーション開発では、多くの手助けをしてくれます。その機能の一部は本家Xamarin.Formsにも取り込まれる予定であったり[83]、正しい方向性を持った正統派のMVVMフレームワークといえます。

38 第1章 Xamarin.Android で始めるクロスプラットフォームモバイルアプリ開発

Android Architecture Components

2017年のGoogle I/Oで、Android Architecture Components[84]が発表されました（まだプレビュー版です）。これはGoogleが公式に提供する「堅牢で、テストやメンテナンスが容易なアプリ開発を手助けするためのライブラリ群」で、この時点では、主にLyfecycle, ViewModel、LiveData、Roomの4つが含まれます。

Lifecycleは、Activity、Fragment、ApplicationやServiceなどのライフサイクルイベントの観測を簡単に行えるようにするものです。

ViewModelは、「画面回転や、複数のFragmentを持つ画面でのデータの保持」を実現するライブラリです。「画面のためのデータの保持」という面ではMVVMのそれと同じですが目的が異なります。

LiveDataは、主にViewModelの中で使用される「変更通知プロパティ」を提供します。大きな利点は、ライフサイクル的に安全な場合のみ通知を行う仕組みが備わっていることです。

Roomは、SQLite用のORMのようなライブラリですがRelationは取り扱いません。また、DBの変更通知が可能です。

Xamarin.AndroidでAndroid Architecture Componentsが使えるか否かですが、これらのライブラリ（の一部）はAnnotation Processing Tool(APT)を使用しており、「Gradleビルドシステム」で解説したようにそれはXamarin.Androidでは使用できないため、これらのライブラリ群は使用できません。ソースコードが公開されれば、APTをなんらかの手法で代替する形で移植することは可能だと思います。それがXamarinチームから公式なライブラリとして提供されるかも知れませんね![85]

1.8　Xamarinによる「クロスプラットフォーム」MVVM+Rxアプリケーション

さて、ここまでで説明したMVVMとRxを、Xamarinに適用するとどうなるでしょうか？ここでは簡単なサンプルアプリケーションを通して、MVVMによる責務分割とRxによるリアクティブプログラミングを適用して記述されたコードが、XamarinでどこまでAndroidとiOSで共通化できるかを示します。

GPS受信アプリケーション

サンプルとして「GPS受信アプリ」を作ってみましょう。AndroidやiOS端末に搭載されているGPSセンサーから得た緯度経度を表示し続ける（＋少しのおまけ機能をもつ）だけの簡単なアプリケーションです。

このアプリは図1.16のような2つの画面からなり、それぞれの画面は次の機能をもつものとします。まず「メイン画面」は、次のような機能です。

・取得した緯度経度と時刻を表示し続けるラベル

・スタート/ストップボタン

・記録（Record）ボタン

・緯度経度の表記を「度分秒」にするかどうかのスイッチ

スタート/ストップボタンは、一度押すとGPS受信開始、もう一度押すと受信終了します。ボタ

第1章　Xamarin.Androidで始めるクロスプラットフォームモバイルアプリ開発　39

図 1.16: GPS 受信アプリの画面（左:メイン画面、右:レコード画面）

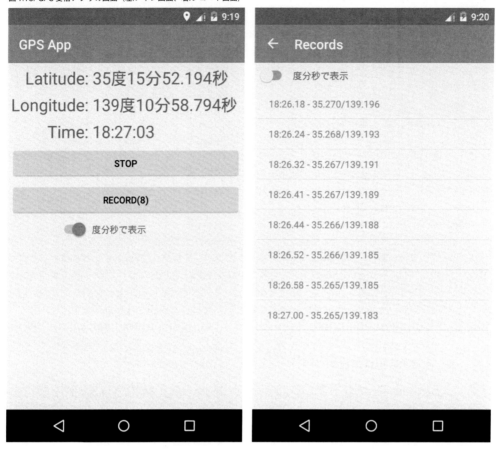

ンのキャプションは状態によって変化させます。

　記録ボタンを押すと、その時点での緯度経度をメモリに保存します。記録ボタンのキャプションに保存されている件数を表示します。

　スイッチをONに切り替えると、緯度経度の表記が「度・分・秒」に切り替わります。OFFのときは「度のみ」の表記になります。

　ストップボタンを押したとき、記録した緯度経度群の中でもっとも精度の良いデータをアラートで表示し、レコード画面に遷移します。

　次に「レコード画面」です。

・緯度経度の表記を「度分秒」にするかどうかのスイッチ

・記録した緯度経度群を表示するリストビュー

　スイッチの役割はメイン画面と同じです。ただし、こちらはリスト内のアイテムすべての表記を更新します。

　リストビューには、記録ボタンによって保存された緯度経度のリストを表示します。

Android、iOSでのアプリ構成

この仕様のアプリを、AndroidネイティブとiOSネイティブでそれぞれ実装した場合、構成は次のようになるでしょう。

図1.17: データバインディングとRxJavaを使用したAndroidアプリの構成

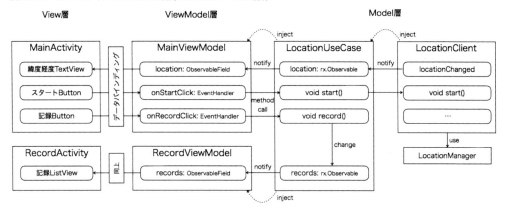

図1.17は、Androidネイティブのアプリケーション構成図です。

Androidデータバインディングでビューとビューモデルを繋ぎます。ビューモデルにあるのは変更通知プロパティである`ObservableField`とコマンド代わりのイベントハンドラです。

ビューモデルから右はすべてモデル層です。ビューモデルが直接使用するのは、アプリケーションに特化したビジネスロジックです。ここではユースケース（UseCase）と名付けました。ユースケース層では、全面的にRxJavaを採用します。ユースケース層がビューモデルに向けて公開するインターフェースは、ほとんどが`Observable<T>`になるでしょう。

ユースケースが使用するのがAPI層です。今回はGPSを使うのでAndroid SDKの`LocationManager`を抽象化した`LocationClient`クラスを用意しました。ユースケースが直接`LocationManager`を使用するのは問題でしょうか？ Android SDKには、`LocationManager`の他に`FusedLocationProviderApi`という位置情報を得るためのAPIがあります。あるいはビーコンなどから位置を得るようになるかも知れません。これらの実装が抽象化されたAPI層は必要です。

API層のオブジェクトはユースケース層に、ユースケース層のオブジェクトはビューモデル層に、それぞれDIされます。Dagger2[86]を使うと、注入の関係性が定義でき、不要なクラスには注入が許可されないのが便利ですね。

図1.18は、iOSネイティブで開発した場合の構成図です。

iOSは、Androidデータバインディングのような標準のデータバンディング機構を持たないので、代わりにSwiftBond[87]を使用します。RxJavaの代わりには、同じRxをSwiftへ移植したRxSwift[88]を使用します。iOSでのDIライブラリは、Swinject[89]の人気が高いようですね。

Xamarinでのアプリ構成

さて、AndroidとiOSでの図を見比べて、ビューモデルとモデル層は極めて似ていることが分か

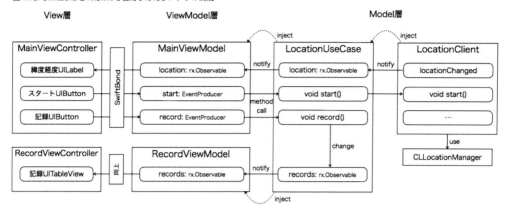

図 1.18: SwiftBond と RxSwift を使用した iOS アプリの構成

るでしょう。それでは、Xamarin（Xamarin.Forms）でこのアプリを実装した際の構成図を見てみましょう。

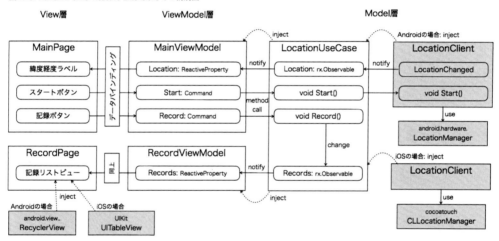

図 1.19: Xamarin.Forms+Reactive Extensions での構成図

　図1.19に示した灰色の部分だけが、プラットフォーム毎に実装しなければならない機能です。それ以外はAndroidとiOSで同じ実装となり、共通化できるはずです。

　共通化部分についてまとめたのが表1.1です。

　基本的な処理は、「.NETフレームワーク（Mono）の活用」で説明したように、Mono標準ライブラリで共通化できます。

　MVVMのビューとビューモデルを繋ぐ変更通知プロパティ及びデータバインディングは、Androidデータバインディングや SwiftBond の代わりに `BindableProperty` と `ReactiveProperty` がその役割を担います。

　ユースケース層で採用している Reactive Programming は、RxJava や RxSwift の移植元である Reactive Extensions を使用します。

　API層はどうでしょうか？ GPSの機能はプラットフォーム毎に使用するAPIが異なるため共通化は不可能です。しかしこの部分は、機能を抽象化したインターフェースを定義し、プラットフォー

表 1.1: 共通化のまとめ

機能	Android	iOS	Xamarin
基本処理	Java SDK	Foundation	Mono 標準ライブラリ
変更通知プロパティ	`ObservableField<T>`	RxSwift の `Observable<T>`	`INotifyPropertyChanged`/`ReactiveProperty`
データバインディング	Android データバインディング	SwiftBond	`BindableProperty`
Reactive Programming	RxJava	RxSwift	Reactive Extensions
DI	Dagger2	Swinject	Prism(Unity)

ム側でそれを実装し、処理を DI することができます。

ひとつのプラットフォーム内では、DI は主にコードの可換性、保守性の向上に貢献しますが、マルチプラットフォームでは「プラットフォーム固有の処理を注入する」ことの為に（も）使用されます。Xamarin での DI ライブラリは「Unity[90]」が有名ですが、残念ながらもはや開発が停止しています。Unity 自体が十分な機能を持っているので、現状困ることはありませんが、Prism for Xamarin.Forms などのフレームワークでは、使用する DI ライブラリを別のものに交換することが可能です。.NET 製の DI コンテナの性能評価の例[91] も今後の参考になるでしょう。

Xamarin.Forms を使用すると、画面もプラットフォーム共通になりますが、これは副次的な効果と捉えた方がよいでしょう。やはりここでも、DI の機能を利用して、プラットフォーム固有の UI パーツを注入しています。

アプリケーション・デザインパターンとコード共有のまとめ

MVC（Model-View-Controller）、MVP（Model-View-Presenter）など、モバイル・アプリケーションに対するデザインパターンは、これまでさまざまなものが議論・利用されてきました。

パターン利用の目的は、ロジックを適切な粒度の責務に分割し、コードの可換性、保守性を高い状態に保つことであり、コードの共通化となんら関係はありません。

しかし適切に責務分割されたモジュールは、画面やセンサーなどのデバイス固有の入出力に依存する箇所としない箇所についても適切に分割されており、画面やデバイスに依存しない箇所は自ずとプラットフォームに依存しないコード＝共通化できるコードになり得ます。

MVVM+Rx が Android、iOS の両方で支持されていることは、もともとその土壌があった.NET/Xamarin にとっては好都合でした。ネイティブに比べて豊富なライブラリがあり、知識と経験を持った人がそこには居ます。一方で Android、iOS の先進的なライブラリから得るものも多く、お互いが学び合ってよりよいアプリケーション開発が可能になるとよいな、と筆者は思っています。

この節で作成した「GPS 受信アプリ」のソースコード（Android ネイティブの実装と Xamarin.Forms による実装）は、筆者の GitHub[92] で公開しています。MVVM+Rx そしてクロスプラットフォームアプリ実装の参考になれば幸いです。

第 1 章　Xamarin.Android で始めるクロスプラットフォームモバイルアプリ開発　43

Xamarin と Clean Architecture と Flux

モダンなモバイルアプリ開発でMVVMと同じくらい耳にするのが、「Clean Architecture」と「Flux」です。これらとXamarinとの相性はどうでしょうか？

Clean Architecture

図 1.20: iOS Clean Architecture （8thlight.com "The Clean Architecture" より）

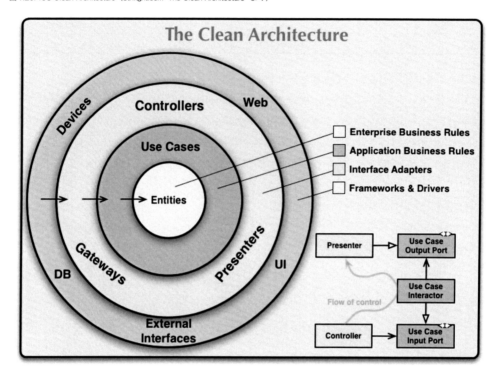

上に示した図1.20は、iOS Clean Architecture[93]の構成図ですが、Android/iOSアプリを同じ仕様で開発する場合、それぞれで固有の実装になるのは、一番外側の「Frameworks & Drivers」層だけです。それより内側の層が異なる実装になってしまうのは、プラットフォームによる制約（言語やSDK）でしょう。Xamarinならばその制約はないので「Interface Adapters」より内側の層を共通化できるはずです。

Flux

FluxはReactで推奨されているパターンで、操作をActionという単位で管理し、Dispatcherが全面的にそれを引き受けStoreを更新することにより、データの流れを単方向にします。筆者自身はFluxの実用経験はありませんが、Xamarinの利用者でいくつか実装例があります[94]。

1.9 オープンXamarin、オープンマイクロソフト

サティア・ナデラがCEOとなったマイクロソフトが、もはやプロプライエタリ・ソフトウェアだ

けが中心の企業ではない[95]ことは皆さんご存知だと思いますが、改めてXamarinに関するオープン化の動きについて整理します。

Xamarin PlatformのOSS化

フレームワークであるMonoは元々OSSでしたが、2016年4月、Xamarinが無償化されたのと同時に、Xamarin.Android、Xamarin.iOS、Xamarin.Mac及びXamarin.FormsがMITライセンスでオープンソース化されました。ソースはopen.xamarin.comまたはXamarinのGitHubリポジトリ[96]で公開され、コントリビュートできますし、フォークして新しいライブラリを作成することも可能です[97]。

アプリやライブラリ開発者である筆者としては、ネイティブのAPIをラップするのが目的のXamarin.Android/iOSよりも、それまで実装がブラックボックスだったXamarin.Formsのソースが公開されたことが大きなインパクトであり、Xamarin.Formsの実戦投入を決断するきっかけとなりました。

.NETフレームワークのOSS化

2016年6月には、.NETフレームワークの一部、複数のプラットフォームでも動作可能なコア部分が「.NET Core 1.0[98]」としてリリースされました。もちろんオープンソースです、こちらは、Monoベースである Xamarin プロダクトには直接関係しませんが、特にLinuxでASP.NETが実行できるなど、注目されています。2017年6月現在のバージョンは1.1で、2.0のリリースが2017年秋に予定されています[99]。

.NET StandardとMonoとXamarin

.NET Standard[100]は、
・Windowsデスクトップアプリ向けの.NETフレームワーク
・前述の.NET Core
・Xamarin向けのMono
の3つのフレームワークの統一仕様です。複数プラットフォームで使いまわせるPCLの後継ともいえるもので、いずれPCLはこれに置き換えられる予定です（現在はどちらも平行して使える状態です）。

.NET Standard Versionsの表[101]が示すように、.NET Standard 1.0〜1.6に準拠したライブラリはXamarinで動作可能です。

.NET Standardがバージョンアップするにつれて、「.NETフレームワーク（Mono）の活用」で説明したコード共有可能な領域がより増えていくと考えられます[102]。

1.10　Xamarinの使いどころ

Xamarinについての特徴、よい所ばかりを述べてきましたが、すべてのケースでXamarinが活きるとは思っていません。ここでは、筆者の考えるXamarinが向いていないケースと採用すべきケースを紹介して、本章を締めたいと思います。

図 1.21: .NET Standard の未来（.NET Blog "Introducing .NET Standard" より）

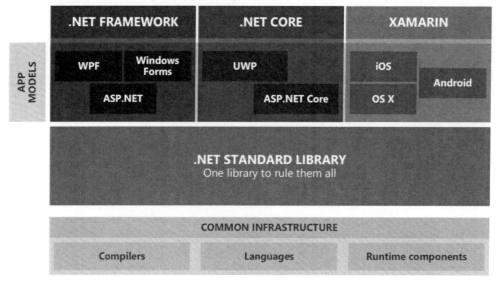

Xamarin が向いていないケース

今さらですが「銀の弾丸」は存在しません。

Android、iOS アプリ開発のトップエンジニア

Android や iOS アプリ開発のトップエンジニアは Xamarin を使う必要はないでしょう。Xamarin.Android や Xamarin.iOS は、各プラットフォームの SDK の更新には早いタイミングで追従しますが、それでも若干のタイムラグはあります[103]。SDK の最新機能をいち早くキャッチアップし、自社プロダクトに取り入れていく、またそのプラットフォームの OSS にコントリビュートしている人たちは、そちらのスペシャリストである方が良いはずです。

アプリの配布サイズを気にするプロダクト

Xamarin でアプリを作ると、Mono ランタイムを同梱するため配布パッケージの容量が増えます。プロダクトが世界をターゲットにしていて、それに通信速度が遅い国も含まれている場合、注意した方がよいと思います。あるいは提供する機能の割に容量が大きなアプリはインストールを躊躇する要因になるかもしれません。

「ガワネイティブ」でいいプロダクト

ガワネイティブとは、アプリ内で WebView を使用して HTML5 や JavaScript で記述されたコンテンツや処理を表示・動作させ、且つ通常のアプリと同じく端末のセンサーや課金機能などを使用できるハイブリッド方式のアプリを指します。たとえば飲食店やショッピングサイトのアプリは、モバイル Web の延長線上であることが多く、またコンテンツの差し替えが頻繁に発生するため、Xamarin で「ネイティブの」UI を作り込むメリットが薄くなります。

Xamarinを採用すべきケース

「向いていない」以外のすべてのシーンで採用して価値があると思いますが、それでは身も蓋もありません。いくつかの「特に」活きるケースを挙げてみます。

B2Bなモバイル・タブレットアプリ

特定業務向け、企業内利用向けのアプリです。

業務利用のシーンでは、アプリの開発コスト・保守運用コストが重視されます。さらに、業務で使用されているシステムのほとんどはWindowsで動作します（最近導入が増えていると感じるWindowsタブレットも含めて）。Windowsの資産を使いながら、Androidアプリ／iOSアプリで共通部を最大化できるXamarinは、このケースでもっとも「活き」ます。

また、プログラマが忘れがちなのが「保守運用コスト」です。Swiftのように、破壊的な変更を伴うバージョンアップを強いられる可能性が高いのでは、保守運用コストを高く見積もらざるを得ません。業務向けに開発したシステムは、最低5年は「お付き合い」を続けることになります。その為の要員を、C#一本で募集できます[104]。

ツール、社内向けアプリ

日常、あるいは社内業務を手助けしてくれるツール的なアプリです。

出勤・退勤の記録をするツールや、日報を書くためのツール、極めて簡易的なグループウェアのようなものもあるかも知れません。日本のXamarinコミュニティと企業数社で、経費精算アプリをXamarinで且つOSSで開発しています[105]、これもひとつの例ですね。

社員の持っているデバイスはさまざまで、たくさんの仲間にリーチしたいと思ったら、Android/iOS両方でアプリを作らなければならないでしょう。しかし、そのような補助ツールの開発工数は限られています。XamarinでAndroid/iOSアプリがほぼ同時に開発できたら便利でしょう。

スタートアップ企業に

リーン・スタートアップやグロースハックでは、MVP（Minimum Viable Product）という用語がよく登場します。「検証に必要な最低限の機能を持ったプロダクト」のことです。

ビジネスを始める、あるいは始めたばかりの時期にもっとも大切なことは、その「ビジネスモデルの検証」です。それがモバイル市場向けなら、ビジネスモデルをシンプルに実装したアプリ（MVP）を市場やテスターに投入して、フィードバックを得ます。少しでも手応えが得られれば、得られたフィードバックに基づいてアプリを作り直してまた評価、この繰り返しです。クロスプラットフォーム対応アプリが同時に作成できるXamarinは、評価の為にアプリを投入する市場を広げるのに役立つでしょう。

フィードバックループの中で、コード共有がアプリリリースの速度にも直結することは、もはやいうまでもないですね。

まとめ

筆者は、「理想のクロスプラットフォームアプリ開発ツール」を求めて、これまでTitanium Mobile[106]、

Adobe Air[107]、Delphi[108]といった開発ツールを試してきました。もともとが.NET系のプログラマだったので、C#を使うXamarinは抵抗なく、むしろ大好きだったので使い始めたわけですが、それを差し引いても素晴らしい開発ツールだといえます。「理想の」というよりは「理想と現実にうまく折り合いを付けている」と感じます。

C#を使ったアプリ開発市場、ゲームはUnity3D、それ以外ならXamarin[109]、その範囲は確実に広がってきています。

1.https://www.xamarin.com/platform

2.http://www.buildinsider.net/mobile/insidexamarin

3.https://www.visualstudio.com/ja-jp/news/releasenotes/vs2017-mac-relnotes

4.https://developer.xamarin.com/guides/android/advanced_topics/working_ with_androidmanifest.xml/

5.https://speakerdeck.com/atsushieno/generics-on-xamarin-products によれば、Java8 の新機能である「interface のデフォルト実装」を Android API も利用しはじ
めており、同機能がない C# 7 ではそれらの API は Xamarin には提供されない、つまり厳密には API100 ％対応ではない、とのことです。

6.Visual Studio for Mac との区別の為にこう書いています。実際にこのように呼んでいる人はたぶん居ません。

7. 画面のレイアウトファイルも拡張子こそ「.axml」ですが中身は同じなので、Android Studio でも使用できます。

8.https://www.jetbrains.com/resharper/

9.Windows、Linux などさまざまなプラットフォームで動作するオープンソースの IDE。http://www.monodevelop.com/

10.Android SDK のツール類（SDK Manager、Emulator Manager 等）は、Visual Studio for Mac/Xamarin Studio のメニューから呼び出せます。が、SDK Manager は
Android O サポートの関係で SDK Tools r25.3.1 に切り替える頃にはスタンドアローン型 GUI として Google から提供されなくなります。Xamarin Studio や Visual Studio
で、Android Studio と同様に、SDK Manager の代わりとなる特化した GUI メニューが提供されることが期待されます。

11.https://www.jetbrains.com/rider/

12. もしかしたら、現在難民となっている Linux 使用者への助け舟になるのかも知れませんね！

13.https://msdn.microsoft.com/ja-jp/library/dd393574.aspx

14.http://www.mono-project.com/docs/tools+libraries/tools/xbuild/

15.https://www.nuget.org/

16.https://components.xamarin.com/

17.Ver6.4 までは全サービスがひとつのライブラリに含まれていましたが、dex ファイルの許容最大メソッド数である 65,536 を超えやすく、ProGuard や Multidex での
対策が必要なケースが多かったため、Ver6.5 から現在の分割方式になりました。

18.https://developer.android.com/topic/instant-apps/

19.https://developer.android.com/topic/instant-apps/prepare.html

20.https://twitter.com/atsushieno/status/867436895835377664

21.https://developer.xamarin.com/guides/android/advanced_topics/binding-a-java-library/

22.http://www.buildinsider.net/mobile/insidexamarin/10

23.https://developer.xamarin.com/guides/ios/advanced_topics/binding_objective-c/

24.http://stiletto.bendb.com/

25.http://square.github.io/dagger/

26.http://paulcbetts.github.io/refit/

27.http://square.github.io/retrofit/

28.await 演算子は async 修飾子を付けたメソッド内でのみ使用可能です。また await を付けて呼び出せるのは、C# 6 では Task または Task＜T＞ を返すメソッドのみで
す。

29.https://github.com/evant/gradle-retrolambda

30.2017 年 3 月、Jack ツールチェインは非推奨になってしまいました。https://android-developers.googleblog.com/2017/03/future-of-java-8-language-feature.html

31.https://github.com/aNNiMON/Lightweight-Stream-API

32.http://qiita.com/amay077/items/9d2941283c4a5f61f302

33.Java でも Lombok（https://projectlombok.org/）を導入すると、val キーワードによる型推論が使用可能になります。

34.https://kotlinlang.org/

35.https://developer.android.com/kotlin/

36.2017 年 3 月にリリースされました。

37. リスト 1.8 で紹介したような C#の匿名型の使い方は、Kotlin ではタプルや名前付きタプルが同じ役割であろうと思われます（筆者未検証）。

38.https://blogs.msdn.microsoft.com/dotnet/2017/03/09/new-features-in-c-7-0/

39.https://github.com/dotnet/roslyn/blob/master/docs/Language%20Feature%20Status.md 。日本語での解説は https://www.slideshare.net/decode2017/tl06-
c-c が詳しいです。

40. たとえばストーリーボードの編集を Xcode で行うと、即座に Visual Studio にも反映されます。

41.https://developer.xamarin.com/guides/ios/advanced_topics/limitations/

42.実行可能なプログラム（.exe）もアセンブリですけど、モバイルアプリでは.exe は登場しないので、まあこんな説明で済ませておきます。

43. プロファイルに付属する 259 などの数値は「プロファイルを一意に識別するための番号」です。この番号自体に特に意味はありません（と筆者は思っています）。

44. 一種の DI 手法です。本章では詳しく説明しませんが興味ある人はこちらをどうぞ http://blog.fenrir-inc.com/jp/2015/12/xamarin_plugin.html

45.https://github.com/dsplaisted/PCLStorage

46.https://www.nuget.org/packages/sqlite-net-pcl/

47.https://realm.io/jp/news/introducing-realm-xamarin/

48.http://www.newtonsoft.com/json

49.https://github.com/praeclarum/NGraphics

50.https://github.com/mono/SkiaSharp

51.https://github.com/onovotny/BouncyCastle-PCL

52.https://github.com/AArnott/PCLCrypto

53.https://developer.xamarin.com/guides/xamarin-forms/custom-renderer/

54.https://developer.xamarin.com/guides/xamarin-forms/custom-renderer/view/

55. その上、Xamarin.Forms のソースコードは公開されています。「1.9 オープン Xamarin、オープンマイクロソフト」で説明します。

56.https://blog.xamarin.com/glimpse-future-xamarin-forms-3-0

57.https://github.com/xamarin/Xamarin.Forms/tree/macOS

58.https://twitter.com/migueldeicaza/status/827220707465654272

59.http://www.mono-project.com/docs/gui/gtksharp/

60.https://news.samsung.com/global/samsung-joins-the-microsoft-net-community-enabling-c-developers-to-build-applications-for-samsung-tizen-devices

61.http://ticktack.hatenablog.jp/entry/2016/12/20/000000

62.http://ugaya40.hateblo.jp/entry/model-mistake

63.Observable と付いていますが、Reactive Extensions のそれとはなんら関係ありません

64.https://developer.android.com/topic/libraries/data-binding/index.html?hl=ja#custom_setters

65.https://developer.android.com/topic/libraries/data-binding/index.html?hl=ja#custom_setters

66.https://blog.xamarin.com/glimpse-future-xamarin-forms-3-0/

67.https://github.com/Reactive-Extensions/Rx.NET

68.http://www.buildinsider.net/column/kawai-yoshifumi/004

69.https://codezine.jp/article/detail/9699

70.https://github.com/runceel/ReactiveProperty

71.https://github.com/k-kagurazaka/rx-property-android

72.Android ネイティブ開発では、この類のフレームワークがまったく普及しないのは、Android の進化のスピードのせいでしょうか、あるいは文化の違いでしょうか?

73.Android ネイティブの開発者には「EventBus」として知られる、単純なメッセージ送信/受信の仕組みです。

74.https://mvvmcross.com/

75.http://qiita.com/amay077/items/b7235aefab8d2e3b72f1

76.http://www.mvvmlight.net/

77.http://reactiveui.net/

78.https://github.com/paulcbetts/splat

79.https://github.com/akavache/Akavache

80.http://paulcbetts.github.io/refit/

81.https://github.com/PrismLibrary/

82.http://qiita.com/amay077/items/5df0cb5c37d0598ce90f

83.https://twitter.com/brianlagunas/status/816440083825893378

84.https://developer.android.com/topic/libraries/architecture/

85.https://github.com/atsushieno/xamarin-android-architecture-components-binding

86.https://github.com/google/dagger

87.https://github.com/ReactiveKit/Bond

88.https://github.com/ReactiveX/RxSwift

89.https://github.com/Swinject/Swinject

90.https://unity.codeplex.com/

91.http://www.nuits.jp/entry/ioc-battle-on-xamarin-in-2017_

92.https://github.com/amay077/TechBookFesXamarinGpsApp

93.https://8thlight.com/blog/uncle-bob/2012/08/13/the-clean-architecture.html

94.https://alexdunn.org/2017/02/09/video-xamarin-flux/

95.http://www.zdnet.com/article/from-open-source-hater-to-no-1-fan-microsoft-now-tops-google-facebook-in-github-contributors/

96.https://github.com/xamarin

97.筆者も Xamarin.Forms をフォークして Xamarin.Forms.GoogleMaps というライブラリを作っています - https://github.com/amay077/Xamarin.Forms.GoogleMaps

98.https://blogs.msdn.microsoft.com/chack/2016/06/29/announcing-net-core-1-0/

99.https://github.com/dotnet/core/blob/master/roadmap.md

100.https://blogs.msdn.microsoft.com/dotnet/2016/09/26/introducing-net-standard/

101.https://github.com/dotnet/standard/blob/master/docs/versions.md

102. しかしプラットフォーム依存の API が必要な部分は必ずあります。

103. 特に Xamarin.Forms はその兆候が見られます。

104.C#だけでなくネイティブの知識も要ります!と言っているのに逆説的ですが、「営業的謳い文句」を私は否定するつもりはありません。

105.https://github.com/ProjectBlueMonkey/BlueMonkey

106.https://www.appcelerator.com/

107.http://www.adobe.com/jp/products/air.html

108.https://www.embarcadero.com/jp/products/delphi

109.https://msdn.microsoft.com/ja-jp/magazine/mt763236.aspx

第1章　Xamarin.Android で始めるクロスプラットフォームモバイルアプリ開発　51

第2章　できるXamarin.Mac

　Xamarinプラットフォームとはなんでしょうか？ www.xamarin.com を開いて最初に出現するのは次の文言です。

> **Deliver native iOS, Android, and Windows apps using existing skills, teams, and code.**

　重要なプラットフォームがここに出てきていません。Linux? —それも一理あります、しかし本章の標題を思い出してください、**macOS** です。

　macOS向けアプリケーションの市場規模はiOS、Androidのそれと比較してとても小さな規模にとどまっていることは想像に難くありません。しかしiOSアプリケーションをビルドするには、Xamarinを使うにせよそうでないにせよmacOSのマシンが必要なのです。もしかすると、macOS向けインハウスツールを作りたくなる日がやってくるかもしれません。

　本章では今までWindows上のアプリを.NETで作っていた方が、急にmacOS向けアプリケーションを作りたくなった、または作らなければならなくなったときのために、最低限おさえておくべき知識を解説します。

　その趣旨に添って、Xamarinプラットフォームを触ったことがない方向けに記述しますし、Xamarin.iOS の利用経験があれば理解が著しく早い、ということもないと思います（もちろん共通する部分はあります！）。また、Xamarinそのものの仕組みよりも、いかにXamarin.Macでアプリケーションを作成するか、そのために必要となる知識に説明の重きをおくこととします。

　本章ではC#を使って説明していますが、複雑な言語機能を利用するわけではないので構文の説明は割愛します。紙面の都合上、usingディレクティブはコードから省略していますので適宜補ってください。

2.1　Xamarin.Macの世界へようこそ

それは2つ以上のIDEとの出会いでもあります。

Xamarin.Mac とは

　macOSのアプリケーションフレームワークであるCocoaを.NETの仕組みを使ってラップし、C#/F#を使ってmacOSネイティブアプリケーションを開発できるようにしてくれるのがXamarin.Macです。macOSネイティブ開発ではXcodeを使ってObjective-CまたはSwiftといった言語で開発しますが、Xamarin.MacではXcodeと合わせてXamarin Studio/Visual Studio for Macを使って、C#/F#で開発を行います。

52　　第2章　できる Xamarin.Mac

選ぶ理由、選ばない理由

もしも今までにmacOSアプリケーションの開発経験がなく、SwiftまたはObjective-Cを"Hello, world"程度でも触れたことがなく、どうしても活用したい.NET資産——ご自身のC#経験を含みます——がないのであれば、簡単でよいので一度はXcodeとSwiftを用いて開発されることをお勧めします。Xamarin.Macがなにを提供し、なにが隠蔽されているのか、おぼろげにでも理解できないと特にトラブルシュートが難しいでしょう。

Windows、macOS向けにビューも含めてひとつのコードで実現したい、といった場合にはQtも選択肢に入るでしょう。Qtが提供するコンポーネントを使っている限りは1ソースで複数プラットフォーム向けにビルドできます。C++をほどほどに使いこなせれば強力なフレームワークです。

そういった観点ではJavaをはじめとしたJVM言語でもかまわないでしょう。KotlinとJavaFXの組み合わせは書きやすそうですし、FXMLで構造的にビューを定義することができます。

ではXamarin.Macの優位点はなんでしょうか？ビューはC#コードで定義していくか、Xcodeで作成していくことになります。なにかフレームワークを導入した場合は別として、Windowsとビューに関するコードを共通化することもできません。Xamarin.Macの強みはそのままXamarin Native[1]の強みでもありますが、次のように考えられます。

・C#/F#の言語機能を使える

・.NET Frameworkに加え、Cocoaをシームレスに扱える

・ビルド生成物はネイティブのCocoaアプリケーションと変わらない

特に.NETランタイムがアプリケーションバンドルに同梱されるため、macOSのバージョンさえ満たしていればそのまま動作することが期待できます。またランタイム部分で8MB程度なので、フットプリントが比較的小さいのも特徴です。業務で利用する場合にはQtやRAD Studioと比較して開発者ライセンスのコストが抑えられる点も場合によっては強みになるでしょう。

準備

Xamarin.Macの開発を行うには次の環境が必要です。

1．macOS

2．Xcode

3．Xamarin Studio or Visual Studio for Mac

いずれの「Studio」を使うにせよ、Xamarin.Macが対象としている最新の環境で開発することをお勧めします。すなわちXamarin.MacをアップデートしたらmacOSとXcodeもそれぞれアップデートしないと連携機能が動かなくなったり、ときには成果物が実行時エラーになったりと不都合が生じます。逆もしかりで、macOSとXcodeをアップデートしたらXamarin.Macをアップデート（場合によってはベータ版になるかもしれません）することを推奨します。なお作成したアプリケーションがターゲットとする最低動作OSはOSX Lion 10.7まで（必要であれば）選択することができます。本章を執筆した環境は以下のとおりです。

1．macOS Sierra 10.12.3

2．Xcode 8.2.1

3．Visual Studio for Mac 7.0 build 1077

4．Xamarin.Mac 3.1.0.35

　Visual StudioはオプションからUIの表示言語を切り替えることができます。本稿ではXcodeに合わせて英語表示を採用しています。

　他のXamarinプラットフォーム—iOS, Android—と異なり、WindowsのVisual Studioでサポートされている機能はかなり限定的なので、ほとんどこの構成で開発することになるでしょう。コーディングに関してはJetBrains社のRider[2]を組み合わせて使うこともできます。同じプロジェクトを開いて作業すれば、変更内容はVisual Studio側にすぐ同期されます。ビルドやXcodeとの連携はVisual Studio側から行うことになります。

ターゲットフレームワーク

　ここでのターゲットフレームワークとはiOSであるとかmacOSのバージョンであるとかではなく、Xamarin.Macで利用する.NET Frameworkの範囲を示しています。この設定にかかわらず、Xamarinが提供するCocoa APIはすべて使うことができます。これは図2.1に示すプロジェクトの設定で選択することができます。

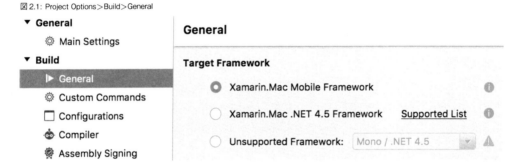

図2.1: Project Options＞Build＞General

　通常はXamarin.Mac Mobile Frameworkを選択しておけば大丈夫です（デフォルトです）。他の.NETライブラリを使わない、今回は少し触ってみたいだけという場合は読み飛ばしてもかまいません。.NET Frameworkの利用範囲が異なるため、参照できるプロジェクトの種類、インストールできるNuGetパッケージの種類に影響します。

Xamarin.Mac Mobile Framework

　Mobileと銘打つとおり、iOS, Androidでの動作環境と同じです。モバイル向けサブセットの.NET Framework動作環境となります。リンカーによるバンドル容量削減機能が使えるのはこれを選択したときだけです。System.Configuration、System.ServiceProcessといった、いわゆるモバイル環境においてはそんなに使われていない、また使わないであろうものはばっさりと切られています。ただしXamarin.Macにおいては空実装のSystem.Configuration名前空間とそのAPIが残されているようです[3]:

> An empty, stubbed-out version of the System.Configuration API has been included in Xamarin.Mac to avoid breaking some 3rd-party PCL files. So while the namespace is included, it is non-functional

> and should never be used in a Xamarin.Mac project.

　NuGetパッケージのインストール時には、xamarinmac（Xamarin.Mac20）> Xamarin.Mac10 > portable-net45[4]の順に参照が解決されます。なおnet,net45[5]しか定義されていない場合はインストールに失敗します。

Xamarin.Mac .NET 4.5 Framework

　Mobile Frameworkと同様にサブセットされていますが、Mobileよりも多くのBCLを参照することができます。これと引き替えに、リンカーによる最適化は使えなくなります。だいたいのNuGetパッケージ、サードパーティ製品を動作させることを目的としたフレームワークである、と明言されています。

　NuGetパッケージのインストールはnet,net45が優先されます。ただしこのフレームワークにも含まれないアセンブリを参照している場合—たとえばSystem.WebやSystem.Drawing—は、実行できません。MonoとしてはサポートしているがXamarin.Mac .NET 4.5としてはサポートされてないライブラリが参照されていた場合は図2.2に示すように解決できない旨の警告が生成されます。

図 2.2: Warning: Reference not resolved

		Errors			
	⊗ 1 Error	⚠ 1 Warning	ⓘ 0 Messages		▦ Build Output

!	Line	Description	File
⚠ ☐		Reference 'System.Windows.Forms' not resolved	Microsoft.Common.targets
⊗ ☐	2	The type or namespace name `Forms' does not exist in the namespace `System.Windows'. Are you missing `System.Windows.Forms' assembly reference? (CS0234)	Main.cs

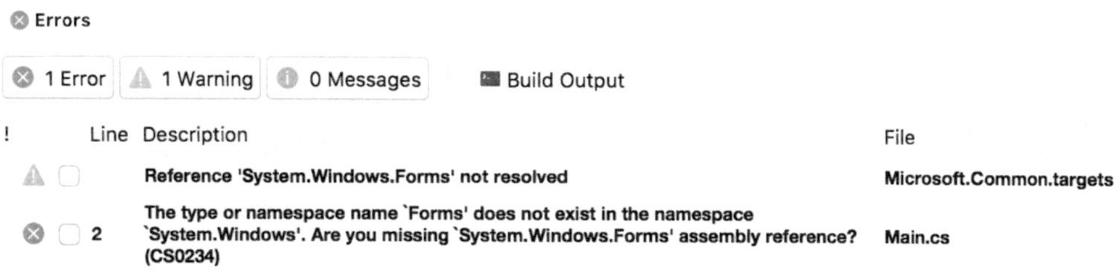

Mono／.NET 4.5

　Xamarin.Mac .NET 4.5 Frameworkでも足りないアセンブリを参照するときにはこれを使うことになります。つまりフルのMonoを使って動作させることができます。NuGetもnet45優先で解決されます。リンカーによる最適化が使えないためアプリケーションバンドルのサイズは肥大化します。また、このフレームワークについて動作保証外であることが明言されています。

Cocoaフレームワークのすべてが使えるわけではない

　XamarinはAPIのバインディング生成[6]を半自動化していますが、Appleが提供しているフレームワークすべてに対してこのような作業を行っているわけではありません。たとえばIOKitは一切バインディングされていません。フレームワークとしてサポートする範囲が膨大で、利用される場面が限定的であることから作業の優先度は低いとされています[7]。バインディング作業の進捗はOSのビルドが進み、Appleからツールが開発者にリリースされる度にGitHubのWiki[8]で更新されています。AppKitやCoreFoundationといったよく使われるAPIについてはほぼカバーされていますが、アップルのAPIドキュメントには存在するにもかかわらずXamarin.Macに定義が見当たらないという場合には、P/Invoke機能を使って呼び出すことを検討します。本稿のカバー範囲を逸脱しますが、例としてFoundation.NSHomeDirectory[9]を呼び出すコード例を次に示します（リスト2.1）。

第2章　できるXamarin.Mac　　55

リスト 2.1: NSHomeDirectory()

```
[System.Runtime.InteropServices.DllImport
  ("/System/Library/Frameworks/Foundation.framework/Foundation")]
  public static extern IntPtr NSHomeDirectory();
public static NSString ContainerDirectory
=> (NSString)ObjCRuntime.Runtime.GetNSObject(NSHomeDirectory());
‖‖‖‖‖‖‖‖‖‖‖‖‖‖‖‖‖‖‖‖‖‖‖‖‖‖‖‖‖‖‖‖‖‖‖‖‖‖‖‖‖‖‖‖‖‖‖‖‖‖‖‖‖‖‖‖‖‖‖‖‖‖‖‖‖‖‖‖‖‖‖‖‖‖
```

2.2　最初のアプリケーションを作る

まずは作ってみましょう。作らなければ分解できませんから。

本項ではこの後の説明で使うために次のようなアプリケーションを作ります。

・シングルウィンドウアプリケーション

・テキストの入力を受け付けるコントロール、クリックできるボタンをひとつずつ設置

・ボタンがクリックされたときメッセージを表示する

プロジェクトの作成、ビルド

Visual Studio for Macを起動し、[New Project...]を選択します[10]。[New Project]ウィンドウで、Macカテゴリーの App を選択し、Cocoa App を選択します。ここまでの作業を行うと、図2.3の状態となります。

ここからウィザード形式でプロジェクトを作成していきます。[Configure your Mac app]ステップでは、アプリケーション名と Organization Identifier を決めます。Organization Identifier は逆ドメイン記法で記述するのが一般的ですが、特に定まった規則があるわけではありません。アプリケーション名と Organization Identifier の組み合わせで、アプリケーションを一意に識別する Bundle Identifier が決まります。これらは後から変更することもできます。本項では図2.4のように指定しました。適宜変更してください。

Dockに表示する名称を別に付ける場合は[Use a Different App Name in Dock]で指定します。ドキュメントベースのアプリケーションを作成する場合は Extension も指定しますが、本稿では扱いません。

最後のTargetで動作OSの最低バージョンを指定します。ここで指定したバージョン未満のOSで起動すると、システムがアプリケーションの起動を抑止します。またここで指定したバージョン以降の macOS で追加された API にアクセスできなくなります。さらに、OS X Marvericks 10.9以下ではStoryboardを使ったアプリケーションが起動できません。ビュー周りで使える API がかなり限定されるので、特に理由がない限りは最新、または OS X Yosemite 10.10以降にされることをお勧めします。

次の画面ではプロジェクトのファイル構造をプレビューしながら、どのフォルダに作成するかを選択します。このとき Git バージョンコントロールを有効にするか、お勧めの.gitignoreを追加するかを選択できます。Createをクリックすると図2.5の状態に遷移します（矢印は筆者が書き加えたも

56　　第2章　できる Xamarin.Mac

図 2.3: Visual Studio for Mac - Welcome View

のです)。

　図 2.5 内に矢印で示したデバッグ開始ボタン、または Run App リンク、あるいは Command+Return キーを押下することでビルド後デバッグ実行されます。空っぽのウィンドウが表示されれば成功です。Command+Q、またはデバッグ停止で終了して次のステップに進みましょう。

コントロールの配置

　ボタンとテキストフィールドを配置します。プロジェクト内の Main.storyboard をダブルクリックすると、Xcode でドキュメントが開かれます。いったんドキュメントウィンドウを閉じ、Xcode のメインウィンドウで Main.storyboard を開きます。コントロールの配置を行う際には、基本的に図 2.6 の状態で作業を進めていきます。

　右下のオブジェクトライブラリから、Text Field を View Controller Scene に配置します。同様に Push Button を配置します (図 2.7)。

　配置後は位置の調整を行っていきます。Storyboard では Auto Layout を使って「どこにコントロールが配置されるべきか」という条件を設定していくこととなりますが、本稿で説明したいことの

図 2.4: Configure your Mac app

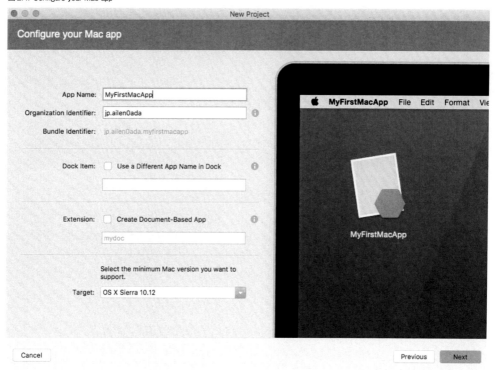

図 2.5: Getting Started

　本質ではないため、ここではウィンドウサイズを固定することとし、お好きなサイズと位置で配置してください。Auto LayoutについてはiOSのそれとほぼ変わらないため、Web上にある既存の資

図2.6: XcodeのメインウィンドウでMain.storyboardを開く

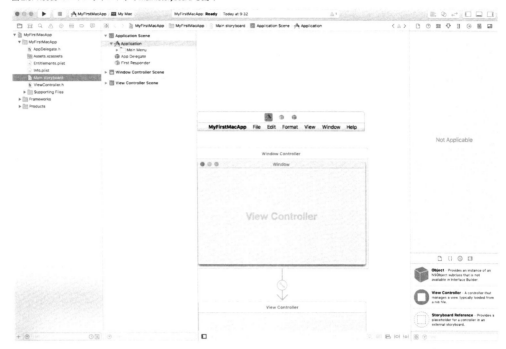

図2.7: オブジェクトライブラリからドラッグ&ドロップする

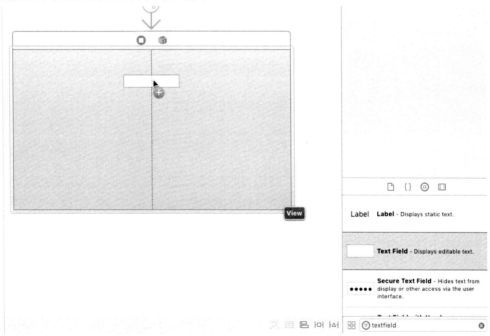

料を活用してください。図2.8に示した配置例では、Push ButtonのTitleを変更し、Key Equivalent にReturnキーを設定しています。

配置したコントロールにViewControllerからアクセスするためにAction,Outletを作成していき

第2章　できるXamarin.Mac　｜　59

図 2.8: コントロールの配置例

ます。ViewController.mをアシスタントエディタで開きます。Controlを押しながらPush Buttonを@implementationと@endの間にドラッグ&ドロップします。適当に名前を付けてReturnキーを押下すると、Actionが作成されます（図2.9）。ボタンがクリックされたときに呼び出されるメソッドを作成することができました。ここで付けた名前がメソッド名となります。ひとつのActionに複数のコントロールを結びつけてもかまいません。すでにあるActionの宣言にControlを押しながらドラッグします。メソッドはSenderを受け取るので、どのコントロールから呼ばれたのか取得することができます。

図 2.9: Actionの作成

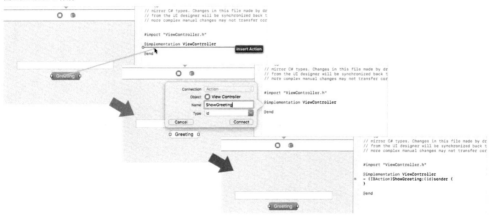

テキストフィールドに入力された値を取得するため、Outletを作成します。アシスタントエディタをViewController.hに切り替え、Actionを作成したときと同様にControlを押しながらText Fieldをドラッグ&ドロップします。適当に名前を付ければ、ViewControllerからこのコントロールへ簡便にアクセスすることができるようになります[11]（図2.10）。

これでXcode側の作業は完了したので、Xcodeを終了してVisual Studioに戻ります。

コーディング

XcodeでViewController.h/mを更新した内容はデザイナ分離コードとしてVisual Studioに反映

図 2.10: Outlet の作成

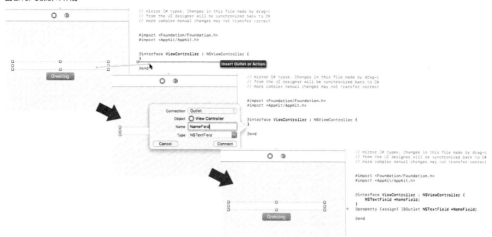

されています。ViewController.designer.cs を開くと自動生成されたコードを閲覧できます（リスト 2.2）。コントロール配置の手順で入力した名称がところどころ現れているとおり、デザイナ分離コードを通してコントロールの参照を取得したり、コントロールが励起する Action を実装できることがわかります。内容を把握していれば編集することは難しくありませんが、勘所が分かるまではそっとしておくことをお勧めします。

リスト 2.2: ViewController.designer.cs

```csharp
using Foundation;
using System.CodeDom.Compiler;

namespace MyFirstMacApp
{
    [Register ("ViewController")]
    partial class ViewController
    {
        [Outlet]
        AppKit.NSTextField NameField { get; set; }

        [Action ("ShowGreeting:")]
        partial void ShowGreeting (Foundation.NSObject sender);

        void ReleaseDesignerOutlets ()
        {
            if (NameField != null) {
                NameField.Dispose ();
                NameField = null;
            }
```

第 2 章　できる Xamarin.Mac　61

```
        }
    }
}
```

ViewController.csを開いて、実装していきましょう。まずはウィンドウのリサイズを抑止します[12]。ウィンドウのスタイルはNSWindow.StyleMaskでフラグ管理されています。StyleMaskの値でNSWindowStyle.Resizableをオフにすればリサイズを抑止できます。ViewDidAppearオーバーライドメソッドに次のように実装します（リスト2.3）。これでデバッグ実行するとウィンドウがリサイズできなくなっているはずです。

リスト2.3: ViewController.ViewDidAppear

```
public override void ViewDidAppear()
{
    View.Window.StyleMask &= ~NSWindowStyle.Resizable;
    base.ViewDidAppear();
}
```

ShowGreetingメソッドを実装しましょう。ViewController内でpartialまでタイプすればシグネチャが表示されるはずです。次のように実装します（リスト2.4）。

リスト2.4: ViewController.ShowGreeting

```
partial void ShowGreeting(NSObject sender)
{
    var name = string.IsNullOrEmpty(NameField.StringValue)
        ? "だれか"
        : NameField.StringValue;
    var msg = $"こんにちは、{name}さん！";
    var version = NSProcessInfo.ProcessInfo.OperatingSystemVersionString;
    using (var alert = new NSAlert())
    {
        alert.MessageText = msg;
        alert.InformativeText = version;
        alert.RunSheetModal(View.Window);
    }
}
```

デバッグ実行して適当な名前を入力して（しなくてもかまわないですが）、ボタンをクリックするまたはReturnキーを押下とメッセージが表示されます（図2.11）。この小さなアプリケーションを使って、次項ではmacOSアプリケーションの振る舞いを説明していきます。

62　第2章　できる Xamarin.Mac

図2.11: 最初のアプリケーションの完成

2.3 macOS向けアプリケーションのお作法

Xamarin.Macを使いこなすには、macOS、そしてCocoaと仲良くしましょう。

前項で作成したアプリケーションを題材に、macOS独特のアプリケーションの振る舞いや、Cocoaフレームワークが提供している独特の仕組みに触れていきます。

起動から終了まで

CocoaアプリケーションはNSApplication（またはこれを継承したクラス）のインスタンスをひとつだけ持ちます。エントリポイントで初期化しなければなりません。これはXamarin.Macでも例外ではなく、Main.cs内に定義されているエントリポイントで次のように記述されています（リスト2.5）。

リスト2.5: MainClass.Main

```
static void Main(string[] args)
{
    NSApplication.Init();
    NSApplication.Main(args);
}
```

NSApplication.Main以後はイベントループが開始され、NSApplication.SharedApplicationを通じてアプリケーショングローバルな操作を行うことができるようになります。注意しておきたい点として、システムが提供するフレームワークではないネイティブのライブラリ[13]をP/Invokeで呼び出したい場合は、NSApplication.Initの前にメモリにロードしておく必要があります。Sparkleというアプリケーションアップデータを呼び出す例を次に示します（リスト2.6）。

リスト2.6: MainClass.Main

```
static string GetCurrentExecutingDirectory()
```

```
{
    var baseUri = new Uri(Assembly.GetExecutingAssembly().CodeBase);
    return Path.GetDirectoryName(baseUri.LocalPath);
}

static void Main(string[] args)
{
    var sparkleLib = Path.Combine(
        GetCurrentExecutingDirectory(),
        "Sparkle.framework",
         "Sparkle");
    if (Dlfcn.dlopen(sparkleLib, 0) == IntPtr.Zero)
    {
        Console.Error.WriteLine("Unable to load native lib.");
        Environment.Exit(1);
    }
    NSApplication.Init();
    NSApplication.Main(args);
}
```

このあとメインインターフェースが表示されます。メインのインターフェースは`Info.plist`で指定されています（図2.12）。ここでは`Main`が指定されているため、`Main.storyboard`が読み込まれ、アプリケーションメニューと`Visible At Launch`が`True`である`NSWindow`が表示されます。

図 2.12: Info.plist > Main Interface

メインのインターフェースはかならず必要です。ウィンドウを自分で作成する場合は`MainMenu.xib`を作ってアプリケーションメニューを指定します。空欄にもできますが、遺憾ながらiOSとは異なり、macOSでなんのインターフェースもないアプリケーションを作成するのは難しいです（`NSApplication.Main`を経由しないといろいろ不都合がある上、この中で`LoadNibNamed`を呼んでいると思われるため）。Xcodeをどうしても使いたくない場合もプレースホルダとして`MainMenu.xib`は用意しましょう。

さてアプリケーションが起動したとき、終了したときに何かしたいと思ったときは、`NSApplicationDelegate`にメソッドを追加していきます。これはレスポンダチェイン（後述）の最下層に位置し、アプリケーションの動作状態を管理し、システムとアプリケーションの橋渡しをします。

作成したアプリケーションは今のところウィンドウを閉じてもアプリケーションが終了しません

し、Dockのアイコンをクリックしてもウィンドウは再表示されません。これはアプリケーションが
どのような振る舞いをするべきか定義されていないためです。シングルウィンドウアプリケーション
は、メインウィンドウが閉じられたときにアプリケーションも終了するべきであるとmacOS Human
Interface Guidelines[14]で定められています。AppDelegate.csを開いてクラス内の適当な位置で次の
ように実装します（リスト2.7）。

リスト2.7: AppDelegate.cs

```
public override bool ApplicationShouldTerminateAfterLastWindowClosed
    (NSApplication sender) => true;
```

　ドキュメントベースアプリケーションを作成した場合に、Dockアイコンをクリックしたとき
どのように振る舞うかはApplicationShouldHandleReopen(NSApplication sender, bool
hasVisibleWindows)をオーバーライドして使う、ウィンドウが閉じられたとき条件によっては閉
じるのをキャンセルする場合にはApplicationShouldTerminate(NSApplication sender)を
オーバーライドして使うといったように、NSApplicationDelegateにはさまざまな仮想メソッド
が定義されています。入力補完を使って探る、Appleのドキュメントからメソッド名を類推するな
どで積極的に活用しましょう。

CocoaにおけるDelegate

　Cocoaプログラミングについて調べるとデリゲートという言葉が頻出します。これはC#言語機能
のdelegateとは異なり、デザインパターンです。と、主張されています[15]。

> Delegation is a design pattern that enables a class or structure to hand off(or delegate) some of its
> responsibilities to an instance of another type.

　クラスが負うべき一部の責務を別のクラスのインスタンスに委譲する仕組み、です。どんな動作を委
譲するかはプロトコル[16]で規定されます。プロトコルのサフィックスがたいていxxxDelegateとなって
います。NSTextFieldの編集終了時に何か動作をトリガーしたいとします。NSTextFieldDelegate
に次のように定義されています（リスト2.8）。

リスト2.8: NSTextFieldDelegate

```
// swift
optional func control(_ control: NSControl,
    textShouldEndEditing fieldEditor: NSText) -> Bool

// c#
public virtual bool TextShouldBeginEditing
    (NSControl control, NSText fieldEditor);
```

　Windows GUIプログラミングにおいてはおおむねイベントやコールバックで実現されているこ

第2章　できるXamarin.Mac　65

とが、xxxDelegateを継承してオーバーライドして使うという形に読み替えられます[17]。なおデリ
ゲートは弱参照であるという特徴があり、イベントにおける購読解除忘れでメモリーリークといっ
たような悩ましい問題は起きません。

　デリゲートクラスはC#言語仕様上abstract classとして表現されていますが、オーバー
ライド時に基底の実装を呼びだしてはいけません。プロトコルは基底の実装を含むものでは
ない一方、C#のインターフェースは宣言されたメソッドをすべて実装しなくてはならない
ため、間を取った形になっています[18]。呼び出すべきでない基底の実装を呼ぶと、実行時に
You_Should_Not_Call_base_In_This_Method例外となります（図2.13）。

図2.13: Foundation.You_Should_Not_Call_base_In_This_Method

```
public override void DidFinishLaunching(NSNotification notification)
{
    // Insert code here to initialize your a        Foundation.You_Should_Not_Call_base_In_This_Method has been thrown
    base.DidFinishLaunching(notification);          Exception of type 'Foundation.You_Should_Not_Call_base_In_This_Method' was thrown.
}                                                   Show Details
```

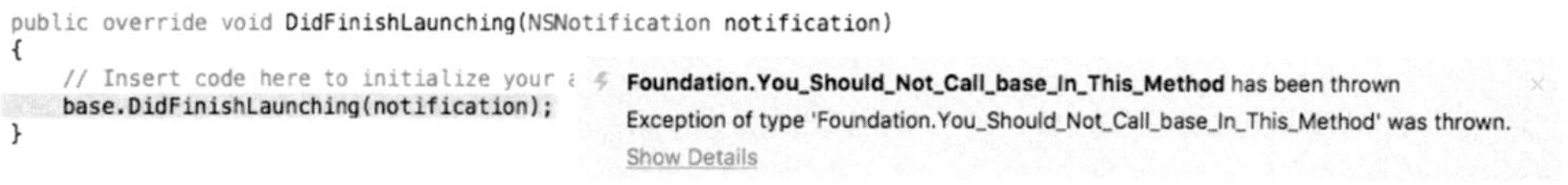

レスポンダチェイン

　アプリケーション内でのメッセージの伝達を司るのがレスポンダチェインです。複数のオブジェク
トがチェインを形成し、メッセージ発報時に処理を引き受けるオブジェクトまで順にパスしていきま
す。GoF本でいうChain of Responsibilityパターンに近いです。これを実現するためにNSResponder
クラスが用意され、メッセージを受け付けるオブジェクトはすべてこれを継承しています。このク
ラスの責務は明快で、チェインの次のオブジェクトは何かを保持することです（リスト2.9）。

リスト2.9: NSResponder

```
// swift
unowned(unsafe) var nextResponder: NSResponder? { get set }


// c#
public virtual NSResponder NextResponder { get; set; }
```

　ではレスポンダチェインに加わるためには必ずNSResponderを継承したクラスを作成しなければ
ならないのでしょうか？ここでデリゲートが活きてきます。デリゲートはコントロールから処理を
委譲されるので、メッセージに対する応答を定義しておけばコントロールをサブクラスしなくてもレ
スポンダチェインに介入できるのです。作成したサンプルアプリケーションがどのようなチェイン
を形成しているのか、ShowGreetingメソッドを少しいじって可視化してみましょう（リスト2.10）。

リスト2.10: ViewController.ShowGreeting

```
partial void ShowGreeting(NSObject sender)
{
    var name = string.IsNullOrEmpty(NameField.StringValue)
                    ? "だれか" : NameField.StringValue;
```

```csharp
    var msg = $"こんにちは、{name}さん！";
    // NameFieldのチェインをたどる
    var chain = NameField.DebugDescription + Environment.NewLine;
    var responder = NameField.NextResponder;
    while (responder != null)
    {
        chain += responder.DebugDescription + Environment.NewLine;
        responder = responder.NextResponder;
    }

    using (var alert = new NSAlert())
    {
        alert.MessageText = msg;
        alert.InformativeText = chain;
        alert.RunSheetModal(View.Window);
    }
}
```

　出力としては次のようになるでしょう（リスト2.11）。もちろんアドレスは実行毎に変化します。

リスト 2.11: Responder Chain

```
<NSTextField: 0x7fa837ea8830>
<NSView: 0x61000013f900>
<ViewController: 0x6080000d8d40>
<NSWindow: 0x6080001e4b00>
<NSWindowController: 0x608000095f40>
```

　レスポンダチェインに伝達されるメッセージには2種類の系統があり、それぞれイベントメッセージ、アクションメッセージと呼ばれます。

イベントメッセージ

　イベントメッセージへの応答はNSResponderで基底の実装がされており、次のオブジェクトに発生イベントが伝達されるようになっています。誰も受け取らなければ警告音が鳴ったり単に無視されるわけです。イベントはNSEventクラスで表現され、呼び出されるメソッドの情報を含みません。これに介入するには基底の実装をオーバーライドしてやればいいわけです。ウィンドウでマウスボタンが押下されたときのイベントを受け取って座標を表示してみましょう。リスト2.11で示したレスポンダチェインを見ると、ViewControllerがレスポンダなので基底の実装を持っているはずです。overrideまでタイプしてみると、次のようなシグネチャが現れます。ここにコンソールへ適当に出力するコードを追加します（リスト2.12）。

第2章　できるXamarin.Mac　67

リスト2.12: ViewController.MouseDown

```
public override void MouseDown(NSEvent theEvent)
{
    Console.WriteLine(nameof(ViewController));
    base.MouseDown(theEvent);
}
```

base.MouseDown(theEvent)を呼び出すと次のオブジェクトに伝達されます。伝達を止めたければ、呼ばなければいいわけです。これを確かめるために、次のオブジェクトであるNSWindowに介入してみましょう。NSWindowをサブクラスしてもいいですが、ここではより上位のNSWindowControllerを作って次のように実装します（リスト2.13）。クラスファイルはFileメニューからNew File...を選択し、テンプレートの中からGeneral-Empty Classを選択して作成します。

リスト2.13: MainWindowController.cs

```
// Register属性をつけるとXcodeデザイナでクラスを見つけることができます
[Register(nameof(MainWindowController))]
public class MainWindowController : NSWindowController
{
    public MainWindowController(IntPtr handle) : base(handle)
    {
    }

    public override void MouseDown(NSEvent theEvent)
    {
        Console.WriteLine(nameof(MainWindowController));
        base.MouseDown(theEvent);
    }
}
```

クラスを追加できたら、Xcodeに切り替えてWindowControllerのCustom Classを変更します（図2.14）。

図2.14: WindowControllerのCustom Classを変更

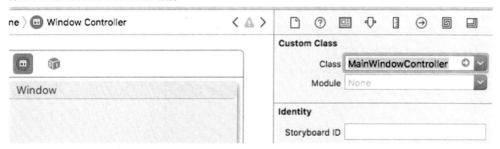

この状態でビューをクリックすると`ViewController`,`MainWindowController`の順に
Application Outputに出力され、タイトルバーをクリックすると`MainWindowController`だけが
出力されます（図2.15）。

図2.15: Application Output

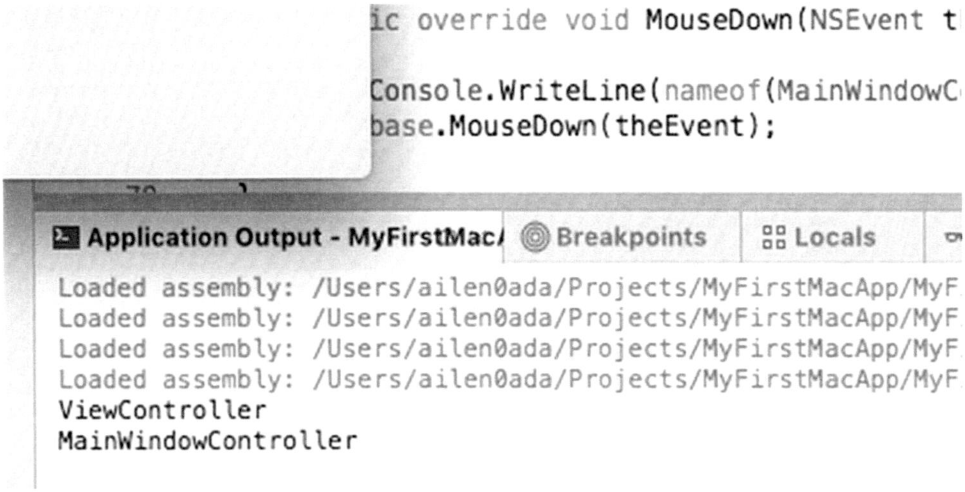

ここまでできたらいったん終了して、`ViewController`の`base.MouseDown(theEvent)`をコメン
トアウトしてみましょう。するとビュー内をクリックしたときは`MainWindowController`まで到達
していないのが分かります。タイトルバーをクリックしたときの動作は変わりません。`NSResponder`
で定義されているイベントメッセージの伝搬を図にすると、次のようになります（図2.16）。

アクションメッセージ

イベントメソッドはレスポンダチェインの先頭からオーバーライドしているオブジェクトまで順
に伝達されていくことが分かりました。アクションメソッドはこれに対して、レスポンダチェイン
にあるオブジェクトに対してそのアクションを処理できるか`NSApplication`が問い合わせを順に
行います。処理できるオブジェクトが特定できたら、そのオブジェクトに定義されているメソッド
を呼び出して処理させます。

サンプルアプリケーションでは`ShowGreeting:`というアクションを`ViewController`に定義し、
`NSButton`の Sent Actionsに設定しました。Xcodeデザイナで`NSButton`を右クリックすると設
定されているアクションが分かります（図2.17）。

ここで設定されているアクションが、ボタンが「操作」されたとき、すなわちクリックされたときや
KeyEquivalentで設定したキーが押下されたときに`ViewController`へ送信されます。ここでは送
信先を決定しているので、他のオブジェクトに問い合わせが行われることなく、直接`ViewController`
に対して`performSelector:`が実行され、`ShowGreeting`メソッドが呼び出されます。なお最初に応
答するレスポンダを First Responderと呼びます。リスト2.11のレスポンダチェインによれば、こ
のビュー内で最初に応答するのは`NSView`, 次に`ViewController`です。このうち`ShowGreeting:`
アクションが実装されているのは`ViewController`なので、図2.18のようにアクションの送信先を

第2章　できる Xamarin.Mac　69

図2.16: イベントメッセージのレスポンダチェイン

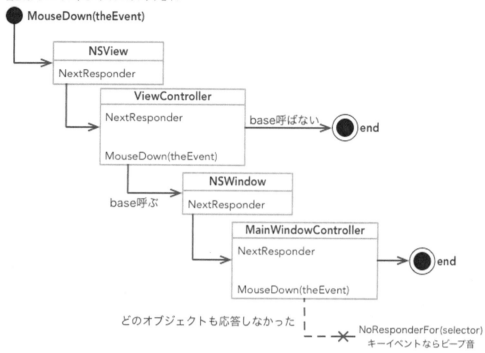

図2.17: Sent Actions

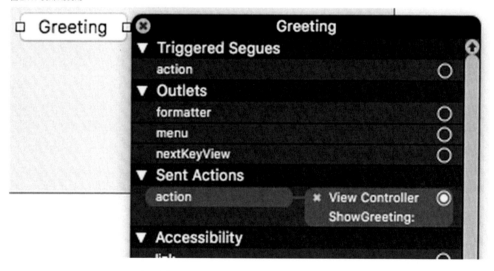

First Responderにしても同様の結果となります。図2.17に示したGreetingボタンを右クリックして表示されたメニューでアクションを削除し、改めてボタンをCtrl+ドラッグしてFirst Responderに接続します（図2.18）。

これを確かめるために（2回目）、前段で作成したMainWindowControllerに、次のようにアクションを実装してください（リスト2.14）。

図 2.18: Send Action to First Responder

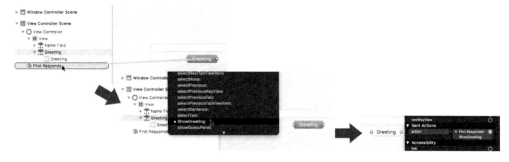

リスト 2.14: MainWindowController.cs

```
// Export("ShowGreeting:") でも同じです
// ActionAttribute はメソッドにしか付かない制約があります
[Action("ShowGreeting:")]
void ShowGreeting(NSObject sender)
{
    using (var alert = new NSAlert())
    {
        alert.MessageText = $"Sender:{sender.DebugDescription}";
        alert.InformativeText = this.DebugDescription;
        alert.RunSheetModal(Window);
    }
}
```

　この状態で実行してボタンをクリックするとどうなるでしょうか？レスポンダチェインの順番から分かるように、ViewController.ShowGreetingが呼び出されます[19]。ではViewController.designer.csの[Action("ShowGreeting:")]をコメントアウトしてみてください。

図 2.19: MainWindowController 側で処理された

　First ResponderであるViewControllerにShowGreeting:アクションが処理できないため、チェインをたどってMainWindowControllerで処理されました。あるセレクタ[20]が特定のオブジェクトで処理できるかどうかはNSObject.RespondToSelectorで調べることができます。コメントアウトした箇所を戻し、ShowGreetingメソッド内でレスポンダチェインを列挙している箇所を次

第2章　できる Xamarin.Mac　｜　71

のように書き換えてください（リスト2.15）。

リスト2.15: ViewController.ShowGreeting

```
var responder = NameField.NextResponder;
while (responder != null)
{
    var canRespond = responder.RespondsToSelector
        (new ObjCRuntime.Selector("ShowGreeting:"));
    chain += $"[{canRespond}] ";
    chain += responder.DebugDescription + Environment.NewLine;
    responder = responder.NextResponder;
}
```

リスト2.16: 実行結果:応答可能な場合Trueが付加されている

```
<NSTextField: 0x7f9480e0feb0>
[False] <NSView: 0x60000012dd40>
[True] <ViewController: 0x6000000dfbf0>
[False] <NSWindow: 0x6000001fb900>
[True] <MainWindowController: 0x6000000890b0>
```

なお、レスポンダチェインの中で誰も処理できない場合はAppDelegateで処理を試みます。ここにも記述がない場合は単に無視されます。ここまでの内容をまとめると、図2.20のように図式化できます。チェインの中で最初にRespondsToSelectorにTrueを返したオブジェクトが、処理を担います。

図2.20: アクションメッセージのレスポンダチェイン

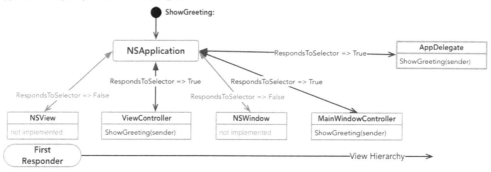

ここまで解説してきたイベント機構についてより詳しく知りたいときは、Cocoa Event Handling Guide[21]を参照してください。

レスポンダチェインに手動でメッセージを投入する

図2.20でNSApplicationが登場していますが、レスポンダチェインを使ってオブジェクトをた

どっているのはNSApplicationです。手動でアクションメッセージを投入する例を次に示します（リスト2.17）。

リスト2.17: レスポンダチェインへの手動投入
```
var actionSelector = new ObjCRuntime.Selector("ShowGreeting:");
NSApplication.SharedApplication.SendAction(
theAction: actionSelector,
theTarget: null,
sender: this
);
```

theTargetをnullにすることで、キーウィンドウ[22]のレスポンダチェインを順にたどります。もちろん送信先を直接指定することもできますが、そのオブジェクトが指定したアクションを処理できなかった場合はNSInvalidArgumentException例外となります。NSApplication.SendEventメソッドでイベントメッセージを投入する場合は送信先を指定できないため、First Responderから順にパスされていきます。

Notification

オブジェクト間、プロセス間で通信を行う機構としてNotificationCenterがあります。

1. NSNotificationCenter
   アプリケーション内で利用する通知センター
2. NSDistributedNotificationCenter
   アプリケーション間で利用する通知センター
3. NSWorkspace.SharedWorkspace.NotificationCenter
   システムが通知を行っている通知センター

オブジェクト間通信

図2.21: NSNotificationCenter.DefaultCenter

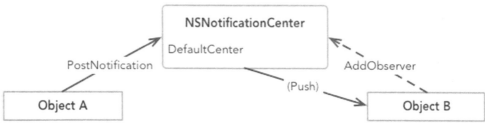

NSNotificationCenterを使うと直接的なつながりがまったくないオブジェクト同士で、NSStringをキーに、NSObjectをペイロードとしてやりとりできます。受信側のオブジェクトをNSNotificationCenterにオブザーバーとして登録しておくと、指定したキーの通知を受信できるようになります。この状態でキーを指定して送信側オブジェクトからPostNotificationを呼

び出します。オブザーバーはいくつでもよく、一対多の通信を行うことができます。

　アプリケーションの起動が完了したときにメッセージを表示するようにしてみましょう。
AppDelegate.csを開いて次のように実装します（リスト2.18）。

リスト 2.18: AppDelegate.DidFinishLaunching

```csharp
public override void DidFinishLaunching(NSNotification notification)
{
    var center = NSNotificationCenter.DefaultCenter;
    center.PostNotificationName("didFinishLaunching", null);

    // 次のように書いてもよい
    // center.PostNotification(
    //     NSNotification.FromName("didFinishLaunching", null));
}
```

　これで起動完了時に通知が送信されます。PostNotificationNameの第2引数である送信先にnull
を指定することで、同じキーで監視しているすべてのオブザーバーに通知されます。ViewController
をオブザーバーとして追加しましょう（リスト2.19）。

リスト 2.19: ViewController.ViewDidLoad

```csharp
public override void ViewDidLoad()
{
    base.ViewDidLoad();

    var key = (NSString)"didFinishLaunching";
    var selector = new ObjCRuntime.Selector("finishedLaunching:");
    NSNotificationCenter
        .DefaultCenter
        .AddObserver(this, selector, key, null);
}

[Action("finishedLaunching:")]
private void FinishedLaunching(NSNotification notification)
{
    using (var alert = new NSAlert())
    {
        alert.MessageText = notification.Name;
        alert.InformativeText = notification.DebugDescription;
        alert.RunSheetModal(View.Window);
    }
    NSNotificationCenter
```

74　｜　第2章　できる Xamarin.Mac

```
            .DefaultCenter
            .RemoveObserver(this, "didFinishLaunching", null);
}
```

　実行すると、起動直後にメッセージを表示し、オブザーバー登録を解除します。AddObserverの
第4引数で送信者を制限することができますが、ここではnullを指定してすべての送信者から受け
取ることとしています。解除できなくてもよい場合は次のように書くこともできます（リスト2.20）
が、オブジェクトが破棄されていても通知が飛ぶのでライフサイクルに注意が必要です。

リスト 2.20: ViewController.ViewDidLoad

```
// ViewDidLoad内で
NSNotificationCenter.DefaultCenter.AddObserver(
    (NSString)"didFinishLaunching",
    notification => { // 割愛 }
);
```

　使いどころとしては環境設定をアプリケーション全体に反映させる、などでしょうか。乱発する
と処理の流れが分かりづらくなるので、通知センターでないとスマートに解決できない場合に限っ
た方がよさそうです。

アプリケーション間通信

　NSDistributedNotificationCenterを使うと、他のアプリケーションとお話しすることがで
きます。どのような通知が流れてきているのか覗いてみましょう。AppDelegateに次のように実装
します（リスト2.21）。

リスト 2.21: AppDelegate.cs

```
public override void DidFinishLaunching(NSNotification notification)
{
    var selector = new ObjCRuntime.Selector("Peek:");
    var center = NSDistributedNotificationCenter.DefaultCenter
                    as NSNotificationCenter;
    center.AddObserver(this, selector, null, null);
}

[Action("Peek:")]
private void PeekNotification(NSNotification obj)
    => System.Console.WriteLine(obj.DebugDescription);


public override void WillTerminate(NSNotification notification)
```

第2章　できる Xamarin.Mac　　75

```
{
    var center = NSDistributedNotificationCenter.DefaultCenter
                 as NSNotificationCenter;
    center.RemoveObserver(this);
}
```

　実行するとアプリケーション出力に他のアプリケーションが送信している通知内容が出力されます。iTunesで曲を再生したりするとわかりやすいです（リスト2.22）。

リスト2.22: iTunes で曲を再生したときの通知

```
__CFNotification 0x60800005ce60 {
    name = com.apple.iTunes.playerInfo;
    object = com.apple.iTunes.player;
    userInfo = {
        Album = "FANTASY - Single";
        "Album Artist" = Questy;
        "Album Rating" = 0;
        "Album Rating Computed" = 1;
        Artist = Questy;
        "Artwork Count" = 1;
        "Back Button State" = Prev;
        Composer = "Daisuke \"DAIS\" Miyachi";
...(以下略)...
```

　NSNotificationを適切に組み立ててNSDistributedNotificationCenterにPostNotificationしてやれば、自分のアプリケーションから他のアプリケーションに通知できます。

システム通知を受信する

　NSWorkspace.SharedWorkspace.NotificationCenterにはシステムが通知を流しています。AppDelegateで次のように実装して覗いてみましょう。といってもリスト2.21のcenter変数を変更するだけです（リスト2.23）。

リスト2.23: AppDelegate.cs

```
public override void DidFinishLaunching(NSNotification notification)
{
    var selector = new ObjCRuntime.Selector("Peek:");
    var center = NSWorkspace.SharedWorkspace.NotificationCenter;
    center.AddObserver(this, selector, null, null);
}
```

76　　第2章　できる Xamarin.Mac

```
[Action("Peek:")]
private void PeekNotification(NSNotification obj)
    => System.Console.WriteLine(obj.DebugDescription);


public override void WillTerminate(NSNotification notification)
{
    var center = NSWorkspace.SharedWorkspace.NotificationCenter;
    center.RemoveObserver(this);
}
```

　たとえば実行中にUSBメモリを挿すとNSWorkspaceDidMountNotificationが飛んできます（リスト2.24）。

リスト2.24: NSWorkspaceDidMountNotification

```
NSConcreteNotification 0x610000254490 {
    name = NSWorkspaceDidMountNotification;
    object = <NSWorkspace: 0x6100000136f0>;
    userInfo = {
    NSDevicePath = "/Volumes/fwal-8GB";
    NSWorkspaceVolumeLocalizedNameKey = "fwal-8GB";
    NSWorkspaceVolumeURLKey = "file:///Volumes/fwal-8GB/";
}}
```

　他にもアプリケーションの起動や終了、環境設定の変更などさまざまなタイミングで通知が行われています。システムの状態変更をフックしてなにかしたいときに有用です。

Cocoaバインディング

　変更通知機構を使ったビューとモデル/コントローラ層の同期機能がmacOS独自の仕組みとして用意されています（iOSではサポートされていません）。これをCocoaバインディングと呼びます。ここまでのShowGreetingメソッドの実装では、名前を取得するのにNameField.StringValueプロパティを使っていました。今回はひとつだけですが、たいていのアプリケーションでは複数の入力項目を使うことになるでしょう。コンボボックスやリストビューを使いたいとき、飛んできた通知に対応してビューを更新したいときなど、すべてをグルーコードで同期させているといつか漏れが発生します。バインドするプロパティの型は基底にNSObjectを持たなければならない制約はありますが、使える場所では積極的に使っていきましょう。

　まずはViewControllerにNameプロパティを作って、これにバインディングを設定してみましょう。次のようにNSString型のプロパティを実装します。また、ShowGreetingメソッドからこの

第2章　できるXamarin.Mac　　77

値を参照するように変更します（リスト2.25）。

リスト2.25: ViewController.cs

```
private NSString name;

// 明示的にOutletAttributeを使うことで
// VisualStudioからXcodeにKeyPath(Name)が通知されるようにする
[Outlet]
public NSString Name
{
    get { return name; }
    set
    {
        WillChangeValue(nameof(Name));
        name = string.IsNullOrEmpty(value)
                    ? (NSString)"だれか" : value;
        DidChangeValue(nameof(Name));
    }
}

partial void ShowGreeting(NSObject sender)
{
    // NameFieldへの参照をやめる
    var msg = $"こんにちは、{Name}さん！";

    // senderのチェインをたどる
    var chain = sender.DebugDescription + Environment.NewLine;
    var responder = (sender as NSResponder)?.NextResponder;
    while (responder != null)
    {
        chain += responder.DebugDescription + Environment.NewLine;
        responder = responder.NextResponder;
    }

    using (var alert = new NSAlert())
    {
        alert.MessageText = msg;
        alert.InformativeText = chain;
        alert.RunSheetModal(View.Window);
    }
```

```
    // 値をコードから設定してみる
    Name = (NSString)"わーい！";
}
```

NameFieldを参照しないように書き換えました。せっかくなのでViewController.designer.csからもNameFieldに関する記述を削除しましょう（やらなくてもいいです）。リスト2.26に削除後の状態を示します。

リスト 2.26: ViewController.designer.cs

```
[Register ("ViewController")]
partial class ViewController
{
    [Action ("ShowGreeting:")]
    partial void ShowGreeting (Foundation.NSObject sender);

    void ReleaseDesignerOutlets ()
    {
    }
}
```

すべて保存して、Main.storyboardをダブルクリックして開きます。テキストフィールドを右クリックして、Referencing OutletsからNameFieldを×クリックで削除します（図2.22）。

図 2.22: Outletの削除

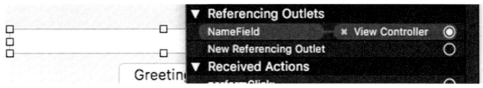

インスペクタをバインディングインスペクタに切り替え、Valueを展開し、Bind toにチェックを入れます。バインド先としてView Controllerを選択し、Model Key PathでNameを指定します[23]。ここまでの手順が正しく行われていれば入力補完に現れるはずです（図2.23）。

ここまでできたら保存してXcodeを終了し、アプリケーションを実行してみましょう。テキストフィールドになにか入力してReturnキーを押すと、値ががメッセージに反映され、シートを閉じるとテキストフィールドの値が変更されます（図2.24）。

デフォルトではテキストフィールドからフォーカスが外れたときに送信されるため、TabキーやReturnキーを押下しないと同期されません。この動作[24]はバインディングインスペクタで変更できます。Continuously Updates Valueにチェックを入れておけば、文字列が確定されるたびに同期が行われるようになります。

ViewController内でバインド対象プロパティとするには、次の点をおさえれば大丈夫です。

図 2.23: View Controller.Name にバインド

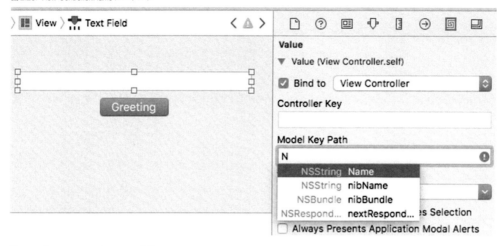

図 2.24: ビューとコードビハインドの同期

1. NSObject を基底型とするクラスに宣言する
2. setter で設定前に `WillChangeValue`
3. setter で設定後に `DidChangeValue`
4. OutletAttribute でプロパティ名を公開しておく

では次に任意のオブジェクトをバインディングできるようにしましょう。名前と、その文字数を保持するクラスを考えます（リスト 2.27）。

リスト 2.27: Person.cs

```
public class Person
{
    public NSString Name { get; set; }

    public NSNumber NameLength { get; set; }
}
```

NSObject を継承するようにして、変更通知機構を使うようにそれぞれのプロパティを書き換えます（リスト 2.28）。NameLength が get-only プロパティで、Will/DidChangeValue を呼んでいないことに注目してください。

リスト 2.28: Person.cs

```
[Register(nameof(Person))]
```

```csharp
public class Person : NSObject
{
    private NSString name;

    [Outlet]
    public NSString Name
    {
        get { return name; }
        set
        {
            WillChangeValue(nameof(Name));
            WillChangeValue(nameof(NameLength));
            name = value;
            DidChangeValue(nameof(Name));
            DidChangeValue(nameof(NameLength));
        }
    }

    [Outlet]
    public NSNumber NameLength => NSNumber.FromNInt(name?.Length ?? 0);
}
```

そして例によってShowGreetingメソッドを書き換えます（リスト2.29）。

リスト2.29: ViewController.cs

```csharp
private Person friend = new Person();

[Outlet]
public Person Friend
{
    get { return friend; }
    set
    {
        WillChangeValue(nameof(Friend));
        friend = value;
        DidChangeValue(nameof(Friend));
    }
}

partial void ShowGreeting(NSObject sender)
{
```

第2章　できる Xamarin.Mac　81

```
        var msg = $"こんにちは、{Friend.Name}さん！";

        // メッセージ表示部分は割愛

        Friend = new Person { Name = (NSString)"サーバル" };
    }
```

ここまでできたら、Main.storyboardを開いてバインディング設定をしていきましょう。まずはテキストフィールドの入力値をFriend.Nameにバインドします。

図2.25: テキストフィールドにValueバインディング

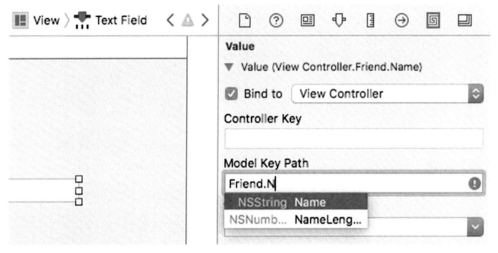

文字数を表示するために、ビューにLabelを追加しましょう。Labelの基底型はNSTextFieldなので、NSStringしかバインドすることはできません。そこでNSNumberFormatterをLabelに追加して、型変換を行いましょう[25]。単にLabelへドラッグ＆ドロップするだけです（図2.26）。

図2.26: NSNumberFormatterをLabelに追加する

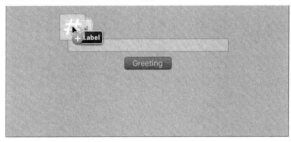

Labelのバインディングインスペクタで、Friend.NameLengthにバインドしましょう（図2.27）。ついでに何も入力されていないときはボタンが押せないようにしましょう。ボタンのEnabled

図2.27: ラベルにValueバインディング

に`Friend.NameLength`をバインドします（図2.28）。ここには`NSBoolean`をバインドしますが、`NSNumber`から暗黙的にキャストされるので、0以外のとき`True`になります。

図2.28: ボタンにEnabledバインディング

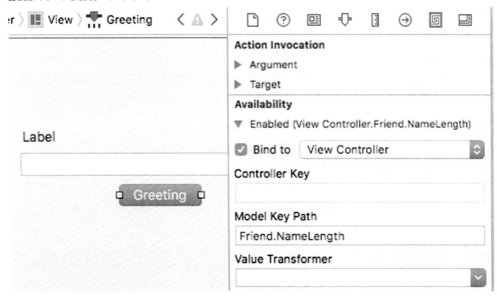

Xcodeを閉じて実行してみましょう。何も文字が入力されていないときはボタンが押せず（Returnキーも反応しない）、何か入力されていればメッセージを表示することができるようになりました（図2.29）。

図2.29: 文字数から2種類のバインディング

Cocoaバインディングの最後の例として、入力した名前に付ける敬称を複数から選択できるようにします。編集可能なコンボボックスは`NSComboBox`、編集不可能で選択させるだけの場合は`NSPopUpButton`を使用します。`NSComboBox`はここまで使ってきた`NSTextField`にプルダウンメニューが付いただけでさほど使い方は変わらないので、`NSPopUpButton`を使ってみます。まずは`Person`クラスに敬称と表示名のプロパティを作ります（リスト2.30）。

リスト 2.30: Person.cs

```
// Name, NameLength は省略
[Register(nameof(Person))]
public class Person : NSObject
{
    // 敬称
    [Outlet]
    public NSString Honolific { get; set; }

    // 表示名
    public string DisplayName => $"{name}{Honolific}";
}
```

ViewControllerに敬称のリストを作っておきます。また、ShowGreetingでDisplayNameを使うようにします（リスト2.31）。

リスト 2.31: ViewController.cs

```
[Outlet]
public NSString[] Honolifics => new[] {
    (NSString)"さん",
    (NSString)"くん",
    (NSString)"ちゃん"
};

partial void ShowGreeting(NSObject sender)
{
    var msg = $"こんにちは、{Friend.DisplayName}！";
    // メッセージ表示部分は割愛
    Friend = new Person {
        Name = (NSString)"サーバル",
        Honolific = (NSString)"ちゃん"
    };
}
```

敬称の初期値を設定しておきましょう。Friendプロパティのバッキングフィールドを初期化するときに、次のように指定しておきますリスト2.32。

リスト 2.32: バッキングフィールドの初期化

```
private Person friend = new Person { Honolific = (NSString)"さん" };
```

Main.storyboardを開き、ビューにNSPopUpButtonを追加して位置とサイズを調整します。バインディングインスペクタのContent ValuesバインディングをViewController.Honolificsに指定します（図2.30）。これでポップアップメニューの中身がNSString[]から生成されるようになります。

図2.30: Content Values バインディング

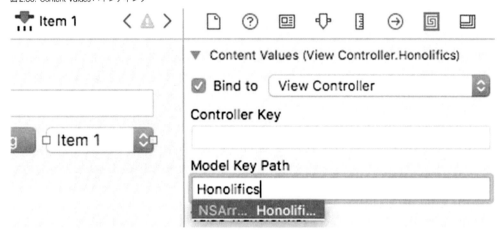

次にSelected ValueバインディングをViewController.Friend.Honolificに指定します（図2.31）。これでFriend.Honolificプロパティに選択されている値が同期するようになります。

図2.31: Selected Value バインディング

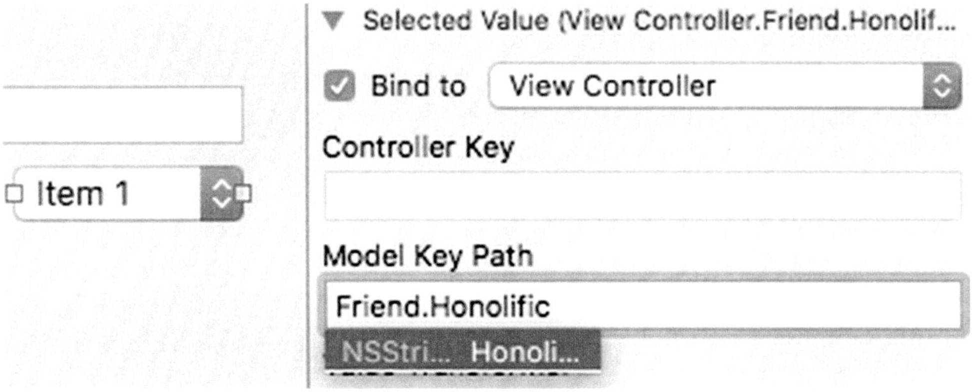

Xcodeを閉じて実行すると、敬称の選択内容によってメッセージが変わり、表示後に名前が「サーバル」、敬称が「ちゃん」に変化します。ここまで単一オブジェクトに対するCocoaバインディングの方法を説明してきました。すべてNS*型にしなければならない制約はあるものの、グルーコード削減にはかなり効果的なので、上手に活用しましょう。

DataSource

テーブルビューにデータを表示する主な方法として、次のような2つが挙げられます。

・Cocoaバインディング

NSArrayControllerを中継し、前項で解説したCocoaバインディングを使ってデータ操作を行う

・DataSourceパターン

NSTableViewDelegate,NSTableViewDataSourceを使って表示データを供給、操作する

本項ではテーブルビュー（NSTabeleView）へのデータ表示を実現するための方法としてDataSourceパターンを解説します。Delegateがユーザーインターフェースのコントロールをビューから委譲されるのに対し、DataSourceはデータに対するコントロールを委譲されます。ここまで作って着たサンプルアプリケーションを題材に、入力された名前と敬称を履歴として保持し、テーブルビューに表示していきましょう。

ビューの作成

テーブルビューを追加しましょう。Main.storyboardを開いて適当な場所にNSTableViewを追加します。あわせてプロパティを作成してコードからビューへアクセスできるようにしておきましょう。このとき、NSTableViewのプロパティが作成されているかどうかよく確認してください（図2.32）。スクロールを実現するために、NSScrollView - NSClipView - NSTableViewという3層構造になっています。

図2.32: NSTableView のプロパティを作成

カラムヘッダを適当に設定します。NSTableViewではカラム毎にデータを供給するので、カラムを特定するためのIdentifierを指定しておく必要があります[26]（図2.33）。

図2.33: カラムの Identifier を設定

DataSourceの作成と接続

Xcodeを閉じてVisual Studioに戻り、履歴を保持する実装を行っていきます。ここではViewControllerにList<Person>を作って蓄積していくことにします（リスト2.33）。

リスト2.33: ViewController.cs

```
List<Person> Histories { get; } = new List<Person>();
```

```
partial void ShowGreeting(NSObject sender)
{
    var msg = $"こんにちは、{friend.DisplayName}！";
    // メッセージ表示部分は割愛
    Histories.Add(friend);
    HistoryView.ReloadData();
    Friend = new Person {
        Name = (NSString)"ハシビロコウ",
        Honolific = (NSString)"ちゃん"
    };
}
```

リストビューにデータを反映させるためにNSTableView.ReloadDataを呼んでいます。まだ
DataSourceを接続していないので何も起こりませんが、DataSourceが更新されるたびに呼んで
更新する必要があることを覚えておいてください。DataSourceを作成していきましょう（リスト
2.34）。

リスト2.34: HistoryDataSource.cs

```
public class HistoryDataSource : NSTableViewDataSource
{
    public HistoryDataSource(List<Person> items)
    {
        Items = items;
    }

    public List<Person> Items { get; }

    // 必ずオーバーライドしてアイテム数を返す
    public override nint GetRowCount(NSTableView tableView) =>
Items.Count;
}
```

　DataSourceはデータに対するコントロールを委譲される、はずがオーバーライドして実装すべ
きなのは表示件数を返すGetRowCountのみです。これは歴史的経緯で、NSTableViewが2種類の
ビューモードをもつことに起因しています。

・Cell-based
　　各行はカラム毎にNSCell基底ビューを持ち、ひとつだけデータを保持する。
　　NSTableViewDataSource.ObjectValueForTableColumnメソッドでセルの内容を返す。
・View-based

各行はカラム毎にNSView（初期設定ではNSTableCellView）をもつため、データをどのように表示するか自由に決められる。NSTableViewDelegate.GetViewForItemメソッドでビューを返す。

特に理由がない限り、View-basedで作ることをお勧めします。カスタマイズが必要になった際にカラム毎のビューに自由に介入できます。ビューを供給するためにNSTableViewDelegateを作成していきましょう（リスト2.35）。

リスト2.35: HistoryTableDelegate.cs

```
public class HistoryTableDelegate : NSTableViewDelegate
{
    private readonly HistoryDataSource ds;

    public HistoryTableDelegate(HistoryDataSource ds)
    {
        this.ds = ds;
    }


    // View-basedのTableViewでビューを返す
    public override NSView GetViewForItem(NSTableView tableView,
                                          NSTableColumn tableColumn,
                                          nint row)
    {
        var item = ds.Items[(int)row];
        var view = (NSTableCellView)tableView.MakeView
                        (tableColumn.Identifier, this);
        switch (tableColumn.Identifier)
        {
            case "Name":
                view.TextField.StringValue = item.Name;
                break;
            case "Honolific":
                view.TextField.StringValue = item.Honolific ??
string.Empty;
                break;
            default:
                throw new ArgumentException(nameof(tableColumn));
        }
        return view;
    }
}
```

カラムのIdentifierとプロパティの公開名（OutletAttribute）を合わせた場合は、GetViewForItemをNSObjectの機能を活用して次のように書くこともできます（リスト2.36）。

リスト2.36: HistoryTableDelegate.GetViewForItem

```
public override NSView GetViewForItem(NSTableView tableView,
                                      NSTableColumn tableColumn,
                                      nint row)
{
    var item = Items[(int)row];
    var text = item.ValueForKey((NSString)tableColumn.Identifier)
               ?? NSString.Empty;

    // デフォルトビューを取得しているが、自分で構築してもよい
    // デフォルトを変更するにはXcodeデザイナでCustom Classを指定する
    var view = (NSTableCellView)tableView.MakeView
                       (tableColumn.Identifier, this);
    view.TextField.ObjectValue = text;
    return view;
}
```

ViewController.ViewDidLoadでDataSourceを接続していきましょう（リスト2.37）。

リスト2.37: ViewController.cs

```
public override void ViewDidLoad()
{
    // ViewDidLoadのbaseは最初に呼ぶ
    // これ以降コントロールへの参照が解決できるようになる
    base.ViewDidLoad();

    var ds = new HistoryDataSource(Histories);
    HistoryView.Delegate = new HistoryTableDelegate(ds);
    HistoryView.DataSource = ds;
}
```

これで表示できるはずです。名前を入力し、メッセージを表示するごとに履歴が増えていきます（図2.34）。

履歴が選択されたとき、ビューにデータを反映しましょう。これまで説明してきたことを踏まえると、次の2パターンで受け取れそうなことが想像できますね。

・NSTableViewDelegateになにか実装する
・通知センターを使って選択状態の変更通知を受け取る

第2章　できるXamarin.Mac　89

図 2.34: テーブルビューにデータを表示

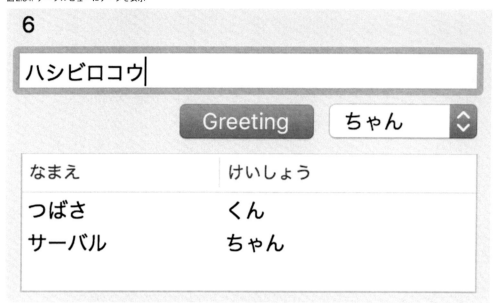

　本項では通知センターの項で解説しなかった、送信者を指定して通知を受け取る手法を使います[27]。ViewDidLoadで通知を購読しましょう（リスト2.38）。

リスト 2.38: ViewController.ViewDidLoad

```
public override void ViewDidLoad()
{
    base.ViewDidLoad();

    var ds = new HistoryDataSource(Histories);
    HistoryView.Delegate = new HistoryTableDelegate(ds);
    HistoryView.DataSource = ds;

    // 送信者を指定して通知を購読する
    NSNotificationCenter.DefaultCenter
                    .AddObserver(
                        NSTableView.SelectionDidChangeNotification,
                        FriendSelected,
                        HistoryView);
}

private void FriendSelected(NSNotification obj)
{
    var index = HistoryView.SelectedRow;
    // 未選択状態は除く
```

```
        if (index < 0)
            return;
        var item = Histories[(int)index];
        Friend = new Person {
            Name = item.Name,
            Honolific = item.Honolific
        };
    }
```

　通知のキー（ここでは`NSTableView.SelectionDidChangeNotification`）はたいていクラスに定数として用意されています。もちろん直接`NSString`で指定してもかまいません。`AddObserver`の第3引数に null を指定してすべての通知を受け取る代わりに、`HistoryView`を指定して特定のコントロールからの通知を受け取るようにしています。なお送信者を特定する場合しない場合を問わず`NSNotification.Object`で送信者を`NSObject`として参照できます。実行して履歴をクリックすると、バインドされている`Friend`プロパティが更新され、ビューの表示内容に同期されます。

　最後にソートを実装しましょう。カラムをクリックしたときと新しい履歴が追加されたときにソートを行います。まずはソートに使うキーをそれぞれのカラムに指定します。Xcodeで`Main.storyboard`を開いて、それぞれのカラムのインスペクタから Sort Key を指定します（図2.35）。プロパティの公開名に合わせておくとよいでしょう。Selector は DataSource を接続している場合は関係ないのでそのままでかまいません。

図 2.35: Sort Key の設定

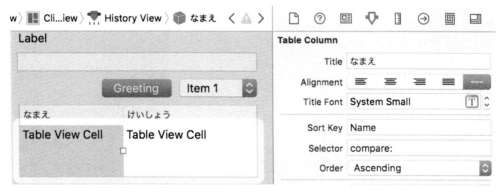

　Visual Studioに戻り、`NSTableViewDataSource.SortDescriptorsChanged`メソッドをオーバーライドしていきます。ここでは次のように実装します（リスト2.39）。

リスト 2.39: HistoryDataSource.cs

```
public override void SortDescriptorsChanged(NSTableView tableView,
                                            NSSortDescriptor[]
oldDescriptors)
{
```

```
    try
    {
        // 複合キーを許容していないのでひとつしか来ないはず
        var descriptor = tableView.SortDescriptors.FirstOrDefault();
        if (descriptor == null) return;

        // ValueForKeyでソート対象文字列を取得
        Func<Person, string> selector =
            x => x.ValueForKey((NSString)descriptor.Key).ToString();

        // リストをソート
        Items.Sort((x, y) => string.Compare(selector(x), selector(y)));
        // 降順のとき
        if (!descriptor.Ascending)
            Items.Reverse();
    }
    finally
    {
        tableView.ReloadData();
    }
}
```

　これでカラムをクリックしたときにソートが行われますが、追加時には行われません。追加時に呼ぶ方法はいろいろ考えられますが、シンプルにSortDescriptorsChangedを呼んでしまいましょう。ShowGreetingメソッドで次のように呼び出します。

リスト2.40: ViewController.cs

```
partial void ShowGreeting(NSObject sender)
{
    // ここまで割愛
    Histories.Add(friend);

    // HistoryView.ReloadData() に代えて
    HistoryView.DataSource.SortDescriptorsChanged
            (HistoryView, HistoryView.SortDescriptors);
}
```

　これで実装できたので、実行して結果を確認しましょう。ソートキーを指定していないときは履歴に追加された順に表示され、カラムをクリックしてキーを指定するとすでにある履歴がソートされ、新しく追加されたときにもソートが実行されます。

92　　第2章　できる Xamarin.Mac

ここでは Sort Descriptor を使用する方法を説明しましたが、他には
NSTableViewDelegate.DidClickTableColumn(NSTableView, NSTableColumn) をオーバー
ライドする方法が考えられます。クリックされたカラムからキーを指定してリストをソートし
てやれば Sort Descriptor を使用しなくても同様のことが可能です。ただしカラムのクリック時にし
か発動しない、昇順/降順インジケータが表示されないといった問題があります。ソートに関しては
素直に Sort Descriptor を利用することをお勧めします。

2.4 おわりに

macOS アプリケーションを開発するのに必要となる Cocoa フレームワークと macOS に関する最
低限の知識を、Xamarin.Mac を使って説明してきました。説明の不足しているトピック、紙面の都
合上割愛せざるを得なかったトピックは多々ありますが、調べるための取っかかりは提供できたの
ではないでしょうか。本稿が Xamarin.Mac 開発に取り組む一助となれば、これほど嬉しいことはあ
りません。

---

1. Xamarin を使ってネイティブアプリケーションを各プラットフォーム別に開発するアプローチ。
2. JetBrains ReSharper と同一のエンジンを使用した C#開発環境。.NET Core アプリケーションの開発をターゲットとしている。
3. Background の項を参照。https://developer.xamarin.com/guides/mac/advanced_topics/target-framework/
4. パッケージの生成時に.nuspec ファイルで指定するターゲットフレームワーク識別子。ひとつの NuGet パッケージには複数のターゲットを含めることができる。
https://docs.microsoft.com/en-us/nuget/schema/target-frameworks
5. デスクトップの.NET Framework すべて（net）、または.NET Framework 4.5 以降（net45）を示す。
6. ここでのバインディングは P/Invoke 宣言の生成とこれをラップして.NET の慣習で呼び出しやすくする作業の意。
7. https://bugzilla.xamarin.com/show_bug.cgi?id=28503
8. https://github.com/xamarin/xamarin-macios/wiki/Bindings
9. https://developer.apple.com/reference/foundation/1413045-nshomedirectory
10. File メニューから New Solution... を選択してもよい。
11. こういったことをしなくてもビュー内のコントロールを列挙するなどでアクセスすること自体は可能。
12. Xcode で Window のプロパティを編集することでも実現できる。もちろんその方が手軽。
13. たとえば Objective-C や Swift で書かれたライブラリ。
14. UI Design Basics - Starting and Stopping の項を参照のこと。
15. The Swift Programming Language（Swift 3.1）, Language Guide - Protocols の項を参照のこと。
16. C#におけるインターフェースという理解でよいが実装が必須なメソッドとそうでないメソッドを定義できる。
17. もちろんイベント機構は存在していて組み合わせて使う。後述のレスポンダチェインを参照のこと。
18. INSWindowDelegate などでは ProtocolAttribute を使って回避しており Xamarin においてまったく方法がないわけではない。INSWindowDelegate などでは ProtocolAttribute を使って回避しており Xamarin においてまったく方法がないわけではない。
19. 入力後 Return キーを押下すると異なる結果となる。キーボードイベントが KeyEquivalent として処理された場合はチェインをたどる方向が逆となる。
20. メソッドのシグネチャという理解でよい。
21. https://developer.apple.com/library/content/documentation/Cocoa/Conceptual/EventOverview/EventArchitecture/EventArchitecture.html
22. アプリケーションの最前面にあるウィンドウ。ユーザーの入力を受け取る。
23. コードでバインディングすることも可能である（NSObject.Bind）。
24. WPF における UpdateSourceTrigger に相当する。
25. WPF の ValueConverter に相当する。
26. Automatic とプレースホルダにあるとおり自動採番も利用できるが分かりやすいものではないので指定したほうがよい。
27. 前者を採用する場合は NSTableViewDelegate.SelectionDidChange をオーバーライドすればよい。通知センターを採用する場合とコールバックメソッドのシグネチャが同じであることに注目したい。

第3章 Prism for Xamarin.Forms入門の次の門

3.1 はじめに

Prism for Xamarin.Formsは、MVVMパターンを採用するXamarin.Formsのためのフレームワークです。すばらしいことに、Xamarin.Formsにおけるもっとも著名なMVVMフレームワークのひとつとして成長してきました。

これまで筆者はブログにて「Prism for Xamarin.Forms入門」を連載してきました。連載では各機能の紹介・利用方法、特定シーンにおける活用ノウハウを解説しています。

本章は「入門」から一歩前進し、「入門の次の門」をくぐることを目的としています。

Prism for Xamarin.Forms（以降、Prismと記載）を拡張することで生産性や品質の向上を目指し、「Prismには取り込むべきではないが、多くのアプリケーションで有用なアイディア」[1]を中心に紹介します。

またそれらの解説をとおし、Prismへの理解をもう一段深めていただくことも、本章の目的とします。

想定読者

本章の読者は、次のような方を想定しています。

・Prismの機能について（Modules除き）おおよそ理解しており、独力でPrismの基本機能を利用してアプリケーションを開発できる
・MVVMパターンの基本は理解している

MVVMについては、ほんの「さわり」を理解していれば問題ありませんが、Prismについての資料を参考にしつつ、簡単なアプリケーションを独力で開発できる程度の理解は必要とするでしょう。

また本章ではReactiveProperty[2]について一部言及しています。読み進めるうえで必ずしも必要な知識ではありませんが、非常に強力なライブラリです。ご存じない方も、これを期に利用されてみることを強くお勧めします。

Prismの基本機能について不明な点がある場合は、次のいずれかで調べてみましょう。

・GitHub上のPrism公式ドキュメント[3]
・筆者のブログエントリー 「連載：Prism for Xamarin.Forms入門」[4]
・元Microsoft MVP 現Microsoft所属の、かずきさん（Twitter ID @okazuki）の「かずきのXamarin.Forms入門」（PDF）[5]
・同かずきさんのブログ「かずきのBlog@hatena」のPrismカテゴリー[6]

それでも解決しない場合は、ソースコードを読めば大体解決します（実際、INavigationService

の実装以外は、誰でも苦も無く読めると思います）が筆者あてに連絡いただければ、分かる範囲であればお答えいたします。ぜひTwitter ID @nuits_jpまで連絡ください。その代わり解説を新しいブログエントリーにさせていただくかもしれません。今まで取り扱ったことのないネタを頂けると喜びます。

前提条件

本章は、次の環境上で実装・検証を行っています。

Windows

- ・Windows 10 version 1703
- ・Visual Studio 2015 Update 3（Prism Template Packの改修には2017が必要です）
- ・Visual Studio 2017 Version 15.1
- ・Xamarin for Visual Studio 4.4.0.34
- ・Prism Template Pack 1.8（Visual Studio拡張機能）
- ・ReactiveProperty XAML Binding Corrector 2016.3.12（ReSharper拡張機能）

Mac

- ・macOS Sierra Version 10.12.3
- ・Xcode Version 8.2.1
- ・Xamarin Studio 6.2

利用フレームワーク

- ・Xamarin.Forms 2.3.4.231
- ・Prism for Xamarin.Forms 6.3
- ・ReactiveProperty 2.9.0（3.0.0以上は筆者が.NET Standardに対して造詣が浅いため回避しています）

制約事項

Project Templateに関する内容は、Visual Studioでのみ利用可能です。

また、ViewModelのメンバーに対するコード補完に関する内容は、次のいずれかの導入を前提とします。

- ・ReSharper 2016.2.2
- ・Rider 1.0 EAP

最後に、Prismの中核要素にDependency Injection Container(以降、DI Container）があります。Prismでは現在、Unity・Autofac・DryIoc・Ninjectの各DI Containerに対応していますが、基本的にUnityを前提として記述しております。ご了承ください。

主な内容

本章では次のアイディアの実現方法を紹介します。

１．XAMLでViewModelのメンバーに対するコード補完の有効化（ReSharperもしくはRider利用

前提）

2．上記をテンプレートに組み込み効率を最大化する（Windows版 Visual Studio限定）

3．View と ViewModel の Assembly の分離

4．ViewModel指定のナビゲーション

5．DeepLink における ViewModel指定とリテラル指定の共存

6．遷移名の属性（Attribute）による指定

7．命名規則から逸脱したView・ViewModelマッピング

具体的なアイディアについては前述のとおりなのですが、これらすべては画面遷移と ViewModel のインジェクションから密接に関連しています。そのため、各論に入る前に「事前準備」として Prismの画面遷移の実装について簡単に説明していきます。

また本章のサンプルコードは、前述の順番に作成していくことを前提としています（2.を除く）。このため、実際に実装して動かしてみる際には対象コードだけではなく、それ以前のサンプルも考慮していただく必要があります。

また、本章ではアイディアを再利用可能なライブラリとして実装することを想定して、実現方法を解説します。しかし、引数のnullチェックといった基本的な例外処理は紙面の可読性上、除外しています。プロダクションコードに採用される場合は十分にご注意ください。

本章のサンプルコード、それを利用したサンプルアプリケーション[7]、及びプロジェクトテンプレート[8]はGitHubの次のリポジトリに公開しています。ぜひ併せてご覧ください。

構成について

前述のアイディアを記載するにあたり、（事前準備を除いた）各節は次のパターーンにしたがって記述を統一しています。

1．動機と概要

2．注意事項

3．実現方法と解説

まずアイディアが必要とされる動機と、その動機を解決するアイディアの概略を記載します。必要であれば該当のアイディアを採用する上での注意事項を説明した上で、実現方法とその解説を記載します。

さて、各論に入る前にPrismの画面遷移の内部実装について、簡単に説明します。

3.2　事前準備：Prism画面遷移実装の解説

さて、本節ではPrismの画面遷移における内部実装を解説していきますが、その前にひとつ認識を一致させる必要があります。Prismではたとえば MainPage に遷移する場合、通常次のようなコードを書きます。

リスト3.1: Prismにおける一般的な画面遷移処理

```
navigationService.NavigateAsync("MainPage");
```

96　│　第3章　Prism for Xamarin.Forms 入門の次の門

このとき、注意していただきたいのが、NavigateAsyncに渡されているのは厳密には遷移名であり、Pageのクラス名ではないということです。もっとも一般的な実装方法では、遷移名にPageのクラス名が採用されますが、必ずしも同一ではなく、本章でも遷移名とPageのクラス名は明確に区別されていることを念頭においてお読みください。

本節は次の順で説明していきます。

1．関連コンポーネントについて
2．画面遷移における代表的なクラス群について
3．画面遷移におけるシーケンスについて

なお本稿はあくまで理解しやすさを優先して記述しています。本文中で図を用いて解説していますが、それらの図は分かりやすさを優先した結果、必ずしも正確ではない場合があります。また画面遷移処理は現時点でももっとも改修の多い領域です。最新の厳密な実装の理解が必要な際には、直接Prismのコードを読まれることを強くお勧めします。

関連コンポーネント

次の図は、Prismの関連コンポーネントをモデル化したものです。

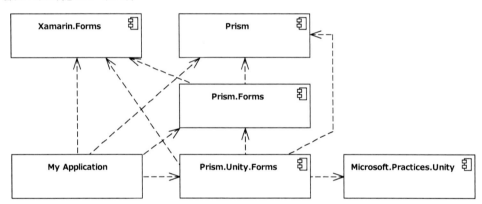

図3.1: Prismの関連コンポーネント図

順番に見ていきましょう。

「My Application」コンポーネントは、各自の作成するアプリケーションです。My Application及びXamarin.Formsについては特別な説明は不要でしょう。

「Prism」コンポーネントはXamarin.Formsだけではなく、WPF・UWPなどでも共通に利用されるコンポーネントです。ICommandやINotifyPropertyChangedの実装クラスに対するベースクラスや、Loggingなどの、プラットフォームに依存しない共通クラス群が定義されています。

「Prism.Forms」コンポーネントはXamarin.Forms専用のクラス群です。Xamarin.Forms向けの実装の内、DI Containerへ直接依存する部分以外を含んでいます。ViewModelLocatorやINavigationServiceとその実装クラスなどの、利用頻度の高いクラス群が含まれています。

「Prism.Unity.Forms」コンポーネントは、DI Containerに対するプロキシとなるクラスのUnity実装を提供します。このため、Microsoft.Practices.Unityに直接依存しています。逆にいうと、Unity

へ直接依存しているのは本コンポーネントのみです。またアプリケーションコードから本コンポーネントの利用シーンも限定的であることから、DI Containerの置き換えは比較的容易に実現できる仕組みとなっています。

画面遷移における代表的なクラス群

先のコンポーネント図に対し、画面遷移における代表的なクラスとその依存関係を追加したのが、つぎの図です。

図3.2: Prismの画面遷移における代表クラス群

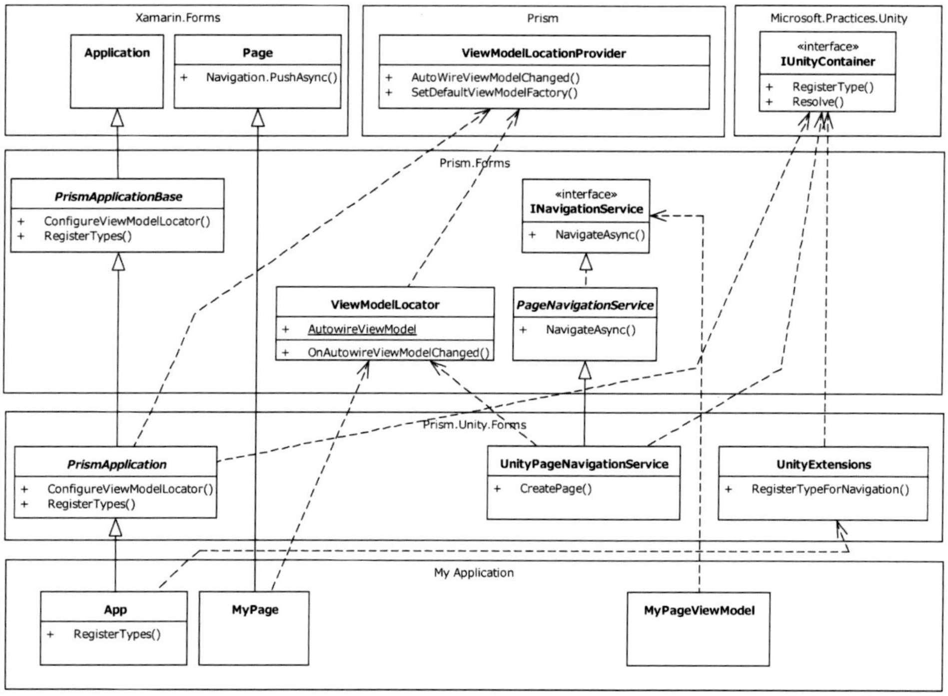

基本的に左から右へ説明していきます。

Applicationクラス関連

通常のXamarin.FormsプロジェクトではMy ApplicationのAppクラスの親クラスはXamarin.Forms.Applicationクラスです。

しかし、Prismの場合はやや異なります。Applicationクラスを直接継承しているのは、Prism.Forms内のPrismApplicationBaseクラスであり、PrismApplicationBaseクラスにはDI Containerの実装に依存しない処理が記述されています。さらに各DI Container毎に異なる実装が施された、PrismApplicationBaseのサブクラスであるPrismApplicationクラスが存在します。

Prism対応アプリケーションは、利用するDI Containerへ対応したいずれかのPrismApplicationクラスを継承してAppクラスを作成します。Appクラス内部では最低限次の実装を行う必要があります。

98 | 第3章 Prism for Xamarin.Forms入門の次の門

図 3.3: Application クラス関連

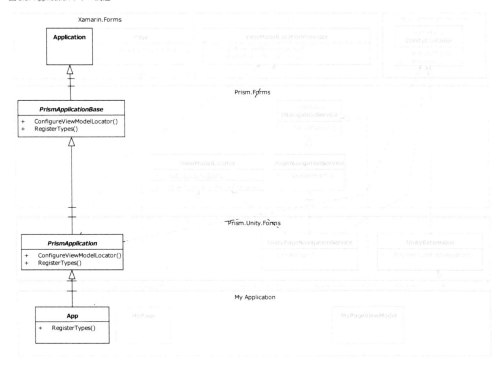

- DI Containerへ各種クラスの登録
- 初期画面への遷移処理

Page 及び ViewModelLocator 関連

Prismアプリケーションにおける`MyPage`の親クラスは、通常のXamarin.Formsと同様、Xamarin.Formsが提供する各種`Page`クラスになります。（図中は「Page」とだけなっていますが）`ContentPage`や`NavigationPage`などが該当します。

`ViewModelLocator`の役割は、`ViewModelLocationProvider`から取得したViewModelのインスタンスを`BindingContext`へ設定することです。もっとも一般的な方法は、XAML上でAttachedPropertyである`ViewModelLocator.AutowireViewModel`を利用して行われます。

`ViewModelLocationProvider`はViewに対応するViewModelを解決し、そのインスタンスを呼び出し元へ返します。`ViewModelLocationProvider`内部の実装は「基本的には[9]」ViewのTypeからViewModelのTypeを特定するところまでで、ViewModelのTypeからそのインスタンスを生成する処理は、各DI Containerの実装に移譲されます。それらの実装は、各DI Container向けの`PrismApplication`の中に存在し、アプリケーション起動時に`ViewModelLocationProvider`に`SetDefaultViewModelFactory`メソッドでラムダ式を渡すことによって初期化されます。これらは、この後シーケンス図も併用して説明します。

なお、`ViewModelLocator`はPrism.Forms内に、`ViewModelLocationProvider`はPrism内に存在します。これはPage（View）からViewModelを解決するルールは、Xamarin以外のWPFやUWP

図 3.4: Page 及び ViewModelLocator 関連

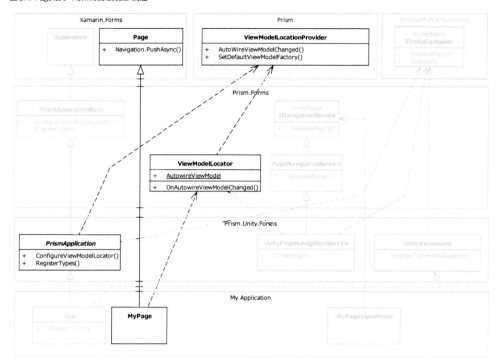

と共通ですが、生成されたViewModelを設定する先が、XamarinではBindingContextであるのに対して、WPFやUWPではDataContextであり異なるためです。

INavigationService関連

Prismにおける画面遷移は、ViewModelにインジェクションされた`INavigationService`の`NavigationAsync`を呼び出すことによって行われます。

`INavigationService`の実装の大半は`PageNavigationService`に含まれています。しかしPageのインスタンス生成を担当する`CreatePage`メソッドは`PageNavigationService`上ではabstractメソッドとして定義されています。

`CreatePage`メソッドの実体は利用するDI Containerごとに異なります。DI ContainerにUnityを採用した場合は、`UnityPageNavigationService`クラスによって提供されます。

IUnityContainer関連

`IUnityContainer`に対する代表的な利用目的は、コンテナへのDI対象の登録と、コンテナからのインスタンスの取得です。

画面遷移に関する代表的な利用箇所は3箇所あります。

1．`PrismApplication`クラスから、ViewModelのインスタンスの取得
2．`UnityPageNavigationService`クラスから、Viewのインスタンスの取得
3．`UnityExtensions`から遷移名に対応するViewの登録（デフォルトではViewの名称）

`UnityExtensions`は主に、ユーザーアプリケーションのAppクラスの中から、Viewを登録する

図 3.5: Page 及び ViewModelLocator 関連

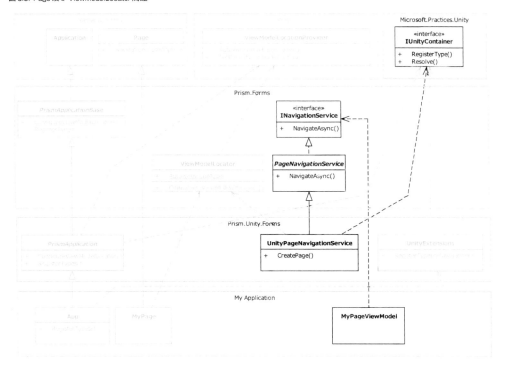

ために利用されます。

画面遷移におけるシーケンス

Prism の画面遷移を説明する上で、重要なイベントは2種類あります。
1．アプリケーション起動時の処理
2．画面遷移処理

アプリケーション起動シーケンス

アプリケーション起動時のシーケンスの概要は次のとおりです。
注意点がふたつあります。
・この図は、あくまで画面遷移に関する部分のみの抜粋になっていること
・シーケンス図として正確なモデルではなく説明しやすい形で記載していること
さて起動時は、画面遷移に関するふたつの重要な処理が行われています。
1．`ViewModelLocationProvider` へ defaultViewModelFactory の設定
2．DI Container へ View オブジェクトの登録

`ViewModelLocationProvider` は、View の Type を引数に ViewModel のインスタンスを返却するのが主な役割となります。しかし通常 `ViewModelLocationProvider` の中で行われているのは、View から ViewModel の Type を特定するまでです。ViewModel の Type からそのインスタンスの生成は DI Container によって行われます。`ViewModelLocationProvider` 自体は Container 非依存の

図 3.6: IUnityContainer 関連

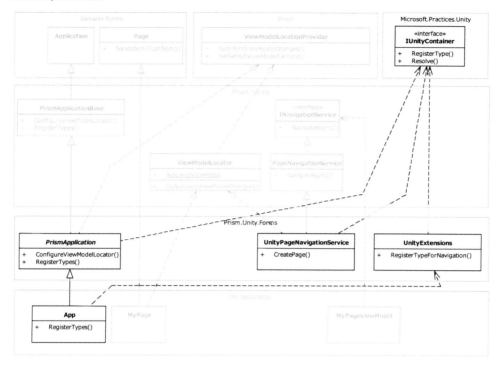

図 3.7: アプリケーション起動時の処理概要

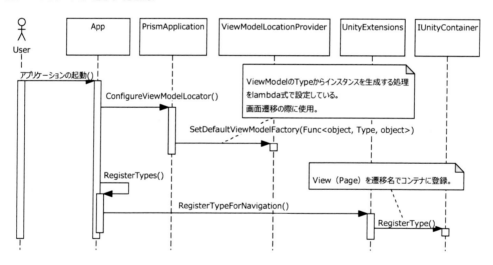

ため、DI Container を直接呼び出すことはできません。このため、DI Container の呼び出し処理を外部から設定するのが SetDefaultViewModelFactory です。実装の実体は PrismApplication 内にラムダ式として存在します。

続いて、DI Container へ View オブジェクトの登録処理です。この処理はユーザーアプリケーションの App クラスで RegisterTypes メソッドをオーバーライドして実装します。ここでは View につ

いての記述しかありませんが、実際にはViewModelにインジェクションするオブジェクトなどの登録も行います。Prismの基本ともいえる内容ですので深い説明は不要ですね。

画面遷移シーケンス

画面遷移の際のシーケンスの概要が図3.8です。

図3.8: 画面遷移処理時の処理概要

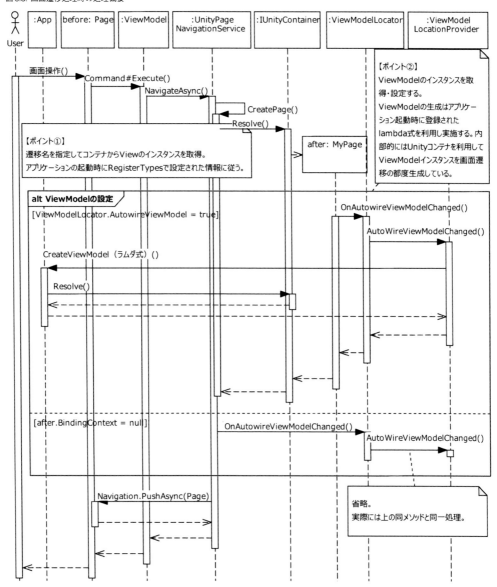

先と同様に、つぎの点に気を付けてください。

・この図は、あくまで画面遷移に関する部分のみの抜粋になっていること
・シーケンス図として正確なモデルではなく説明しやすい形で記載していること

第3章　Prism for Xamarin.Forms入門の次の門　103

画面遷移の大まかな流れは次のとおりです。

1. ユーザーが画面遷移を引き起こす何らかの（「次の画面へ」ボタンを押下するような）インタラクションを起こす

2. `ViewModel`から`INavigationService`（の実体である`UnityPageNavigationService`）の`NavigateAsync`メソッドが呼び出される

3. `NavigateAsync`で指定された遷移名から View の実体を`CreatePage`メソッドにて生成する

4. 生成対象の Page で`ViewModelLocator.AutowireViewModel=true`が設定されていた場合、ViewModelLocator 経由で ViewModel を生成・設定する

5. 生成された Page の`BindingContext`が null であった場合、PageNavigationService から ViewModelLocator を経由して ViewModel を生成・設定する

6. before の Page の`NavigateAsync`メソッドへ、after の Page を渡すことで画面を遷移する

4.及び5.のとおり、ViewModel のインスタンスが生成されるのは、次のいずれかです。

- XAML に`ViewModelLocator.AutowireViewModel=true`が定義されていれば Page のインスタンス生成時
- そうでなければ Page のインスタンス生成後に PageNavigationService から生成

このとき、後者も実際のインスタンス生成処理は、ViewModelLocator に移譲しており同じロジックで生成されることとなります。[10]

また図上では、4.及び5.の中で`ViewModelLocationProvider`は App クラスの CreateViewModel（ラムダ式）を呼び出していますが、実際にはそんな名称のメソッドが存在するわけではなく、先に説明した、アプリケーション起動時に`SetDefaultViewModelFactory`メソッドで設定されたラムダ式が実行されます。`IUnityContainer`を呼び出しているのは、`PrismApplication`クラス内のラムダ式です。

以上が Prism の画面遷移の概要になります。さあ、これを踏まえて先に進みましょう。

3.3 XAMLでViewModelのコード補完の有効化

動機と概要

ReSharper や Rider のユーザーには、Prism を利用すると「XAML で ViewModel のメンバーに対してコード補完が利かない」ことを不満に思う人も多いのではないでしょうか。そして XAML エディタが進化し続けている Xamarin for Visual Studio や Xamarin Studio（もしくは Visual Studio for Mac）でも、近い将来同じ不満を覚える人がでてくることでしょう。

ReSharper や Rider を利用されたことがない方の為に、例を挙げて説明しましょう。

次のような従業員を表す`Employee`クラスと、そのリストを保持する`ViewModel`があったとします。

リスト3.2: 従業員クラス

```
namespace PrismApp
{
```

104 | 第3章 Prism for Xamarin.Forms 入門の次の門

```
    public class Employee
    {
        public string FirstName { get; set; }
        public string LastName { get; set; }
    }
}
```

リスト 3.3: MainPage の ViewModel

```
public class MainPageViewModel : BindableBase
{
    public List<Employee> Employees { get; }
    public ReactiveProperty<Employee> SelectedEmployee { get; }
    public MainPageViewModel()
    {
        SelectedEmployee = new ReactiveProperty<Employee>();
        Employees = new List<Employee>
        {
            new Employee {FirstName = "Catherine", LastName = "Gilbert"},
            new Employee {FirstName = "Teresa", LastName = "Ellis"},
            new Employee {FirstName = "Jose", LastName = "Robertson"}
        };
    }
}
```

　Employeeクラスには FirstNameと LastNameのプロパティが存在し、
MainPageViewModel では Employeeの Listである Employees、そして選択状態にある Employee
を表す SelectedEmployee プロパティを保持しています。

　SelectedEmployee は ReactiveProperty<Employee>型のプロパティです。
ReactivePropertyに対する事前知識がない方にもっとも分かりやすくこの場での
ReactiveProperty<Employee>の役割を説明すると次のとおりです。

　「INotifyPropertyChangedによる通知を実装したプロパティ」を表すクラス。Valueという名称の
プロパティを保持しており、XAMLでValueプロパティをバインドしておくと、Valueプロパティ
を更新した際に通知を受け取れるもの。

　ただし、この一文ではReactivePropetyの説明として完全ではありません。詳しく知りたい方は、
かずきさんのブログ[11]を是非ご覧ください。「ちょっとだけ使える」ようになるだけで、皆さんのプ
ログラミングに劇的なパラダイムシフトが起きることをお約束します。

　さて、この ViewModelを XAML上で BindingContextへ直接設定してみます。

リスト 3.4: MainPage の XAML

```
<?xml version="1.0" encoding="utf-8" ?>
```

第3章　Prism for Xamarin.Forms 入門の次の門

```xml
<ContentPage xmlns="http://xamarin.com/schemas/2014/forms"
             xmlns:x="http://schemas.microsoft.com/winfx/2009/xaml"

xmlns:vm="clr-namespace:PrismApp.ViewModels;assembly=PrismApp"
             x:Class="PrismApp.Views.MainPage"
             Title="MainPage">
    <ContentPage.BindingContext>
        <vm:MainPageViewModel/>
    </ContentPage.BindingContext>
    <Grid>
        <Grid.RowDefinitions>
            <RowDefinition Height="30"/>
            <RowDefinition Height="*"/>
        </Grid.RowDefinitions>
        <StackLayout Grid.Row="0" Orientation="Horizontal">
            <Label Text="{Binding SelectedEmployee.Value.FirstName}"
                TextColor="Red"/>
            <Label Text="{Binding SelectedEmployee.Value.LastName}"
                TextColor="Red"/>
        </StackLayout>
        <ListView Grid.Row="1" ItemsSource="{Binding Employees}"
                SelectedItem="{Binding SelectedEmployee.Value}"
                VerticalOptions="Start">
            <ListView.ItemTemplate>
                <DataTemplate>
                    <ViewCell>
                        <StackLayout Orientation="Horizontal">
                            <Label Text="{Binding FirstName}"/>
                            <Label Text="{Binding LastName}"/>
                        </StackLayout>
                    </ViewCell>
                </DataTemplate>
            </ListView.ItemTemplate>
        </ListView>
    </Grid>
</ContentPage>
```

　画面上部にListViewで選択されたEmployeeの情報を赤字で表示する領域があり、その下に
ListViewで先ほどのViewModelの3名のEmployeeが表示されます。
　2行目を選択したスクリーンショットが次のとおりです。

106 | 第3章　Prism for Xamarin.Forms入門の次の門

図 3.9: Employee 一覧画面

左側からiOS、Android、Windows 10 Mobileのスクリーンショットです。

このXAMLをReSharperやRiderを利用して編集すると、`ListView`の`DataTemplate`の中までViewModelのメンバーのコード補完が有効になっているのが見て取れます。

図 3.10: XAML 上で ReSharper のコード補完が有効な状態

```
19          </StackLayout>
20          <ListView Grid.Row="1"
21                    ItemsSource="{Binding Employees}"
22                    SelectedItem="{Binding SelectedEmployee.Value}"
23                    VerticalOptions="Start">
24              <ListView.ItemTemplate>
25                  <DataTemplate>
26                      <ViewCell>
27                          <StackLayout Orientation="Horizontal">
28                              <Label Text="{Binding }"/>
29                              <Label Text="{Binding  FirstName      Property System.String PrismApp.Employee.FirstName
30                          </StackLayout>                StringForma
31                      </ViewCell>
32                  </DataTemplate>
33              </ListView.ItemTemplate>
34          </ListView>
```

さて、次のコードはPrismでもっともメジャーなViewModelの設定方法である、`ViewModelLocator`の`AutowireViewModel`を有効にした例です。

リスト 3.5: ViewModelLocator の AutowireViewModel を有効にした例

```xml
<?xml version="1.0" encoding="utf-8" ?>
<ContentPage xmlns="http://xamarin.com/schemas/2014/forms"
             xmlns:x="http://schemas.microsoft.com/winfx/2009/xaml"
             xmlns:mvvm="clr-namespace:Prism.Mvvm;assembly=Prism.Forms"
             x:Class="PrismApp.Views.MainPage"
             mvvm:ViewModelLocator.AutowireViewModel="True"
             Title="MainPage">
    <Grid>
        ...
```

ContentPageのAttachedPropertyとして
mvvm:ViewModelLocator.AutowireViewModel="True"を定義しています。こうすることで自動的にViewに対応するViewModelを設定します。

しかしPrismの一般的なViewModelの設定法を利用した場合、ViewModelのメンバーへのコード補完が無効になります。そしてReactiveProperty XAML Binding CorrectorによるValueの指摘もれ警告も発生しません。

図3.11: XAML上でのコード補完が無効な状態

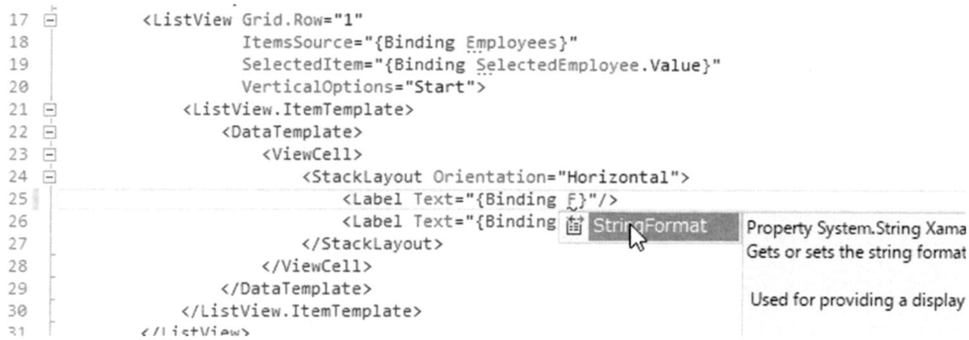

```
17      <ListView Grid.Row="1"
18              ItemsSource="{Binding Employees}"
19              SelectedItem="{Binding SelectedEmployee.Value}"
20              VerticalOptions="Start">
21          <ListView.ItemTemplate>
22              <DataTemplate>
23                  <ViewCell>
24                      <StackLayout Orientation="Horizontal">
25                          <Label Text="{Binding F}"/>
26                          <Label Text="{Binding  StringFormat      Property System.String Xama
27                      </StackLayout>                              Gets or sets the string format
28                  </ViewCell>
29              </DataTemplate>                                    Used for providing a display
30          </ListView.ItemTemplate>
31      </ListView>
```

それどころか、正しいBindingパスを指定しても警告が発生してしまいます。

図3.12: AutowireViewModelを利用するとReSharperが警告を発する

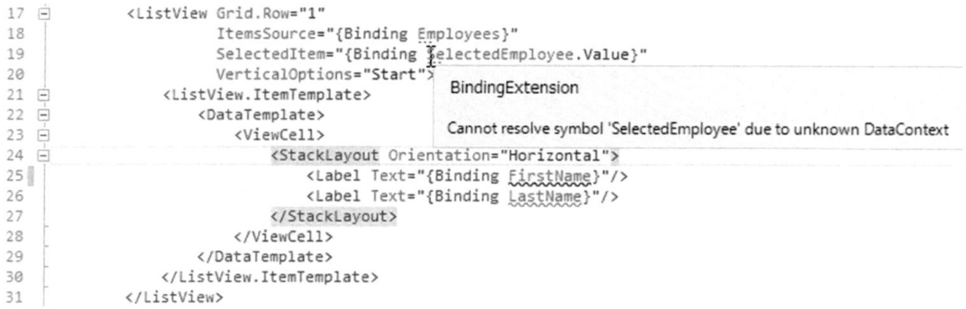

```
17      <ListView Grid.Row="1"
18              ItemsSource="{Binding Employees}"
19              SelectedItem="{Binding SelectedEmployee.Value}"
20              VerticalOptions="Start">                 BindingExtension
21          <ListView.ItemTemplate>
22              <DataTemplate>                           Cannot resolve symbol 'SelectedEmployee' due to unknown DataContext
23                  <ViewCell>
24                      <StackLayout Orientation="Horizontal">
25                          <Label Text="{Binding FirstName}"/>
26                          <Label Text="{Binding LastName}"/>
27                      </StackLayout>
28                  </ViewCell>
29              </DataTemplate>
30          </ListView.ItemTemplate>
31      </ListView>
```

このことは、実装時にコード補完の恩恵が受けられない上に、実行時までタイプミスに気が付けず開発効率の低下に直結します。

ではPrism標準記法を用いずに、直接BindingContextに設定すればよいか、といえば話はそう簡単ではありません。

Prismではクラス間の結合にDI Containerを利用しています。これはクラス間を疎結合に保つために非常に有効かつ正当な手段です。DI Containerを活用するため、Prismでは基本的にContainerによってインスタンスの生成と組み立てを行います。このため、ViewModelを直接インスタンス化してしまうと、このDI Containerによるインスタンスの生成と組み立てが機能しなくなります。この状態ではINavigationServiceなどPrismの提供するクラスもインジェクションされないため、Prismの多くの機能が無効化されてしまいます。

108 | 第3章 Prism for Xamarin.Forms入門の次の門

WPFやUWPでは「d:DataContext」[12]を利用することで、DesignTimeのViewModelを割り当てることができます。しかしXamarin.Formsでは、現時点では「d:DataContext」に類するものは利用できません。この問題は、XamarinのBugzillaにも報告されています[13]が、現在のところ解決策は示されていません。

これらの問題を解決するためのトリックが第一のアイディア「XAMLでViewModelのコード補完の有効化」です。

なおこのトリックはd:BindingContextに類するものが実現されるまでの寿命となるでしょう。

ちなみに、出版されるまでは出ないで頂きたいですが、出版されたあとなら1秒でも早く公式から提供されて、このトリックが不要なものになって欲しいというのが本音だったりします。

||||||||||||||||||||||||||||||||||||||||||||||||||||||||||||||||||||||||||||||||||||||||||||||||||||||||||||||||||||
ReactivePropertyの「.Value」忘れ問題

ListViewで選択されたアイテムは、ViewModelの`SelectedEmployee`に保持します。

先にも説明したとおり、ReactivePropertyを利用する場合、ReactivePropertyの`Value`プロパティに値を設定する必要があります。しかし、この`Value`を利用するというルールは良く忘れがちです。しかも`Value`の指定が漏れた場合であっても、コンパイルエラーにも実行時エラーにもならないため、原因に気が付きにくいという問題があります。

そこで便利なのが、ReSharperの拡張機能である「ReactiveProperty XAML Binding Corrector」です。これを利用することで、下図のように`Value`の指定漏れを防ぐことが可能になります。

図3.13: ReactiveProperty の.Value 指定漏れ

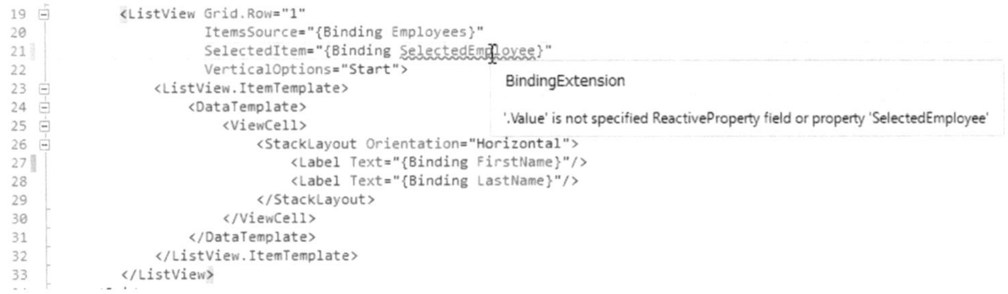

```
19    <ListView Grid.Row="1"
20              ItemsSource="{Binding Employees}"
21              SelectedItem="{Binding SelectedEmployee}"
22              VerticalOptions="Start">
23        <ListView.ItemTemplate>
24            <DataTemplate>
25                <ViewCell>
26                    <StackLayout Orientation="Horizontal">
27                        <Label Text="{Binding FirstName}"/>
28                        <Label Text="{Binding LastName}"/>
29                    </StackLayout>
30                </ViewCell>
31            </DataTemplate>
32        </ListView.ItemTemplate>
33    </ListView>
```

BindingExtension

'.Value' is not specified ReactiveProperty field or property 'SelectedEmployee'

この拡張機能も`ViewModelLocator.AutowireViewModel`を利用すると動作しなくなりますが、本節のソリューションで解決が可能です。
||||||||||||||||||||||||||||||||||||||||||||||||||||||||||||||||||||||||||||||||||||||||||||||||||||||||||||||||||||

実現方法と解説

XAML上でViewModelのコード補完を有効にする方法は、実は非常に簡単です。

まずはViewModelsのフォルダ内に`DesignTimeViewModelLocator`というクラスを作成し、次のように実装してください。

リスト 3.6: DesignTimeViewModelLocator.cs

```
namespace HelloXamarin.ViewModels
```

第3章 Prism for Xamarin.Forms入門の次の門 | 109

```
{
    public static class DesignTimeViewModelLocator
    {
        public static MainPageViewModel MainPage => null;
    }
}
```
そしてMainPage.xamlを次のように修正します。

リスト3.7: MainPage.xaml
```
<?xml version="1.0" encoding="utf-8" ?>
<ContentPage
    xmlns="http://xamarin.com/schemas/2014/forms"
    xmlns:x="http://schemas.microsoft.com/winfx/2009/xaml"
    xmlns:viewModels="clr-namespace:PrismApp.ViewModels;
assembly=PrismApp"
    x:Class="PrismApp.Views.MainPage"
    BindingContext="{Binding Source={x:Static
        viewModels:DesignTimeViewModelLocator.MainPage}}"
    Title="MainPage">
    <Grid>
        ...
```

変更した点は大きく次の三つです。

1. `ViewModelLocator.AutowireViewModel`の記述及びその名前空間の記述を削除
2. `DesignTimeViewModelLocator`の名前空間の追記
3. `BindingContext`に`DesignTimeViewModelLocator`の`MainPage`プロパティを設定

たったこれだけです。たったこれだけの修正で、Prismの機能を一切阻害することなく、ViewModelのメンバーまでコード補完が正しく動作するようになり、ReactivePropertyの.Valueの指摘もれもチェックできるようになります。

ところで、なぜコード補完が動作するようになったのでしょうか？

ReSharperやRiderはPageの`BindingContext`に設定されるクラスを推測し、その上でViewModelのプロパティを認識しています。ViewModelLocatorの仕組みはPrism独自の仕様のため、ReSharperやRiderからは推測が難しく、コード補完が効かなくなっています。

上記のコードでは、`BindingContext`に対して、`DesignTimeViewModelLocator.MainPage`が設定されています。このプロパティの型は`MainPageViewModel`であることがメタ情報から取得できるため、ReSharperやRiderが`BindingContext`に設定されるクラスを推測できるようになり、コード補完が有効になります。

このため、新たなページを追加する都度、`DesignTimeViewModelLocatorn`へのプロパティの追加と、対象Pageの修正が必要となります。これはやや手間のかかる作業のため、次節でプロジェク

トテンプレートを改修し自動生成する手法を紹介します。

この「トリック」ですが、何らかの副作用やPrismの機能を制限することは、少なくとも現状の Prismの仕様では問題は起こりえません。また将来的にもその可能性はほぼ無いだろうと私は考えています。

「画面遷移シーケンス」でも説明したように、PrismでViewModelをViewにインジェクションする仕組みはふたつあります。

1. XAML上で`ViewModelLocator`の`AutowireViewModel`を利用したインジェクション
2. `AutowireViewModel`が設定されていなかった場合、`PageNavigationService`からインジェクション

そして`DesignTimeViewModelLocator`と上記ふたつの処理順は次のとおりです。

1. `DesignTimeViewModelLocator`
2. XAML上の`AutowireViewModel`
3. `PageNavigationService`

2.の`AutowireViewModel`の処理が実施されるタイミングでは `DesignTimeViewModelLocator`の利用如何にかかわらず、`BindingContext`にはnullが設定された状態となっています。このため`DesignTimeViewModelLocator`を使っても副作用などは発生しません。

また1.と2.の処理順は、Prismの管轄ではなくXamarin.Formsの仕様であり、このシーケンスが大きく変わるということは考えにくいです。また、仮に1.と2.の処理順が逆になって一度設定された `BindingContext`がnullに初期化されても、3.で再設定されます。もっとも、2回ViewModelを生成することは意味がありませんし、1.と2.が入れ替わる可能性を考慮するのであれば、`AutowireViewModel`は使用せず、`DesignTimeViewModelLocator`と`PageNavigationService`の組み合わせを利用するのが変更耐性が高くなるのではないでしょうか。

DesignTimeViewModelLocatorをPreviewerで活用できないか？

さて、ここでもうひとつ`DesignTimeViewModelLocator`を活用するアイディアがあります。それはXAML Previewerでプレビューするためのデータの設定に使えるのではないか？ということです。`DesignTimeViewModelLocator`からプロパティアクセス時に、実行環境がPreviewerであると判断できれば実現可能でしょう。しかしXamarin.Formsから現時点では「今」がデザインタイムであることを取得する方法は提供されていません。現在のXamarin.FormsとPreviewerの実装に依存したトリックを利用すれば、実現することは不可能ではありませんが、Previewerの実装は現在盛んにアップデートが行われており、やや危険でもあります。やはり公式からデザインタイムの判定方法が提供されるまで待つのが無難に思えます。このため、今回は説明を割愛します。

第3章　Prism for Xamarin.Forms入門の次の門　│　111

3.4 Prism Template PackのDesignTimeViewModelLocator対応

動機と概要

Prism Template Packは、Prismアプリケーションの構築をサポートするVisual Studioのテンプレート集です。

Prism Template Packを利用してPageを追加すると、つぎの二つを自動的に行ってくれます。

・対応するViewModelの生成

・AppクラスのRegisterTypesメソッドでPageをContainerへ登録するコードの追加

これに先に説明したDesignTimeViewModelLocatorも自動的に追記してくれるともっと便利だなと思いませんか？そして単に便利というだけではなく、テンプレートで対応することで、ケアレスミスの抑止にもつながります。という訳でここではTemplateの拡張について紹介しましょう。

注意事項

プロジェクトテンプレートを自作することは、Prism公式のテンプレートが変更された場合の追随が今後必要になることも意味します。この辺りは自作するメリットと、今後の追随の手間を考慮して実際に採用するかどうかは各自で検討する必要があるでしょう。

またPrism Template Packの改修にはVisual Studio 2017が必要です。

本章では、アプリケーションの開発ではなく、Visual Studioの拡張機能の改修方法について解説します。対象となるのは、Windows版のVisual Studioであり、Xamarin StudioやVisual Studio for Mac、Riderではまた異なる対応が必要となりますがここでは対象外とさせていただきます。

実現方法と解説

本節では次の流れで解説していきます。

1．Prism Template Packの内部構造の説明

2．プロジェクトテンプレートの改修

3．Page作成時のイベント処理の追加

まずはPrism Template PageのGitHub上のリポジトリ[14]を開き、CloneするかもしくはForkした上でCloneしましょう。ここではGitHubに関する詳細は割愛しますが、今回の改修をGitHub上に保存したいのであればForkしてからCloneすることをお勧めします。

なお本節のサンプルもGitHubに公開[15]していますので、併せてご覧いただください。

リポジトリをCloneできたら、Visual Studio 2017でTemplatePackフォルダ下のTemplatePack.slnを開いてください。まずはソリューション内をざっと見てみましょう。

TemplatePackの構成は大きく4つに分割されています。

1．ItemTemplatesフォルダ

2．ProjectTemplatesフォルダ

3．VsWizardsフォルダ

4．TemplatePackプロジェクト

ItemTemplatesフォルダの下にはViewやViewModelのテンプレートプロジェクトが、

112 ｜ 第3章 Prism for Xamarin.Forms入門の次の門

図3.14: ソリューションの概要

ProjectTemplatesフォルダの下にはそれぞれのプロジェクトテンプレートが保存されています。VsWizardsフォルダの下にはWizardExtensionが、そしてTemplatePackプロジェクトは、それらすべてを内包するテンプレートパックの実体が格納されています。

なおWizardExtensionとは、一般的なルールに則ったリソースの追加だけでは解決できない処理の実現などに利用されます。たとえばPageを生成する際に、合わせてAppクラスのRegisterTypesメソッド内へコンテナへ登録するコードが追加する、と言った場合に利用します。

さらに内部を見ていきます。ItemTemplatesフォルダの下を見てみましょう。

フォルダの下には、Visual Studioの「新しい項目の追加」画面に表示される、「PrismCarouselPage」のようなアイテムテンプレートのプロジェクトが含まれています。PrismCarouselPageのプロジェクトを開いてみるとその中には3つの代表的なファイルが登録されています。

・PrismCarouselPage.ico
・PrismCarouselPage.vstemplate
・PrismCarouselPage.xaml

PrismCarouselPage.icoは「新しい項目の追加」画面に表示されるアイコン、

図3.15: ItemTemplates フォルダ

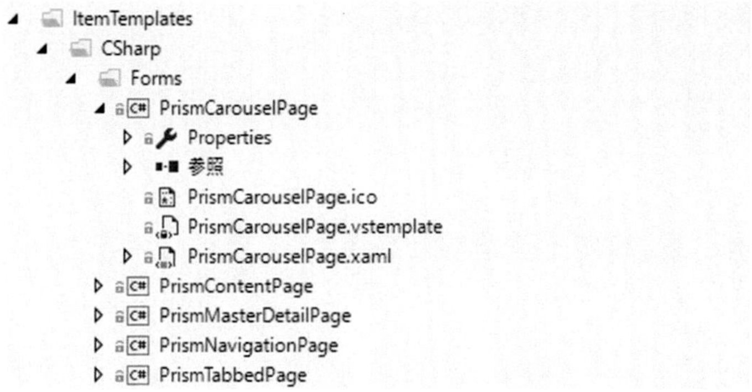

```
▲  🖿 ItemTemplates
    ▲  🖿 CSharp
        ▲  🖿 Forms
            ▲  🗎C# PrismCarouselPage
                ▷  🔧 Properties
                ▷  ■-■ 参照
                      🗎 PrismCarouselPage.ico
                      🗎 PrismCarouselPage.vstemplate
                ▷  🗎 PrismCarouselPage.xaml
            ▷  🗎C# PrismContentPage
            ▷  🗎C# PrismMasterDetailPage
            ▷  🗎C# PrismNavigationPage
            ▷  🗎C# PrismTabbedPage
```

PrismCarouselPage.xamlは追加対象のPageのテンプレートファイルです。

PrismCarouselPage.vstemplateはテンプレートの設定ファイルです。

PrismCarouselPage.vstemplateには大きく分けて3種類の情報が記載されています。

・テンプレートの名称や概要、GUIDなどのテンプレート全体のプロパティ

・本テンプレートで生成されるコンテンツの一覧

・Wizardエクステンションの指定

Wizardエクステンションには、PrismCarouselPageの場合（または他のいずれのPageでも）、CreateViewModelForViewWizardクラスが登録されています。CreateViewModelForViewWizardクラスはVsWizardsフォルダの下にあります。

図3.16: VsWizards フォルダ

```
▲  🖿 VsWizards
    ▲  🗎C# Prism.VisualStudio.Wizards
          ☁ Connected Services
        ▷  🔧 Properties
        ▷  ■-■ 参照
        ▷  🗎C# CreateViewModelForViewWizard.cs
        ▷  🗎C# ExtractModuleFileNameWizard.cs
          🗎 prism.snk
        ▷  🗎C# XamarinFormsProjectWizard.cs
```

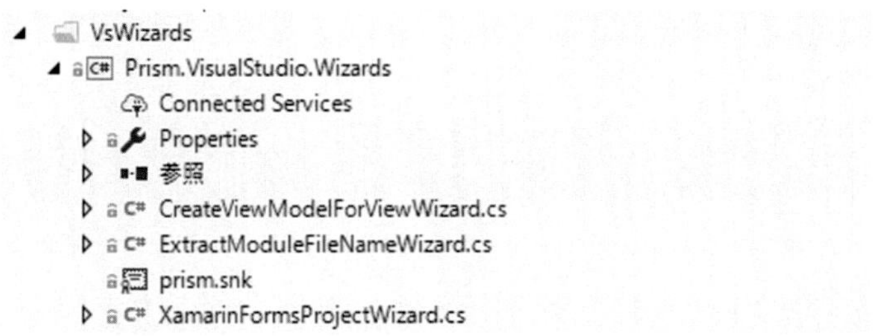

ここには記載しませんが、CreateViewModelForViewWizardの中をちらっと覗いてみてください。RunStartedやRunFinishedメソッドなどに実装が存在するのが見て取れるでしょう。ItemTemplateからリソースの配置後に呼び出されるRunFininshedメソッドの中では、ViewModelの追加生成とAppクラス内でViewをContainerへ登録するコードの追記が行われているのが見て取れます。

さて、少し戻ってProjectTemplatesの中を見てください。

ProjectTemplates\CSharp\Formsフォルダの下にXamarin.Forms用の各種コンテナ向けプロジェクトテンプレートが存在します。PrismではUnity以外にもAutofac、DryIoc、Ninjectと言ったDI Containerに対応しています。

PrismUnityAppプロジェクトを開いてみると、Xamarinの共通プロジェクトや各種プラットフォームのフォルダが存在し、それらの下には実際にプロジェクト作成時に必要なリソース群が登録され

図 3.17: ProjectTemplates フォルダ

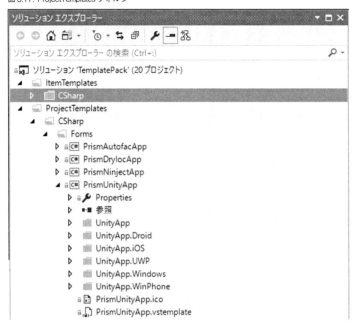

ているのが見て取れるでしょう。

さて、それではXAMLでViewModelのメンバーまでコード補完が利くよう、テンプレートからコードが自動生成されるようにしていきます。ここではUnityのプロジェクトテンプレートを例に話を進めます。

おおよそ次の流れで作業していきます。

1．ProjectTemplates下のPrismUnityAppプロジェクトへDesignTimeViewModelLocator.csの追加
2．UnityApp.vstemplateへDesignTimeViewModelLocator.csの追記
3．UnityAppTemplate.csprojへDesignTimeViewModelLocator.csの追記
4．MainPage.xamlへDesignTimeViewModelLocatorの適用
5．Pageテンプレートの.xamlファイルへDesignTimeViewModelLocatorの適用
6．CreateViewModelForViewWizardの初期化処理へプロジェクト名の置換文字列を設定
7．CreateViewModelForViewWizardへ新たに作成したViewModelの登録処理の追加

追加方法は他コンテナのプロジェクトでも同様です。

それでは進めましょう。まずは次のパスにDesignTimeViewModelLocator.csを作成してください。

```
ProjectTemplates\CSharp\Forms\PrismUnityApp\UnityApp\ViewModels
```

新しく作成したDesignTimeViewModelLocator.csは次のように実装します。

リスト 3.8: DesignTimeViewModelLocator.cs

```
namespace $safeprojectname$.ViewModels
```

第3章　Prism for Xamarin.Forms入門の次の門　115

図 3.18: DesignTimeViewModelLocator.cs の作成

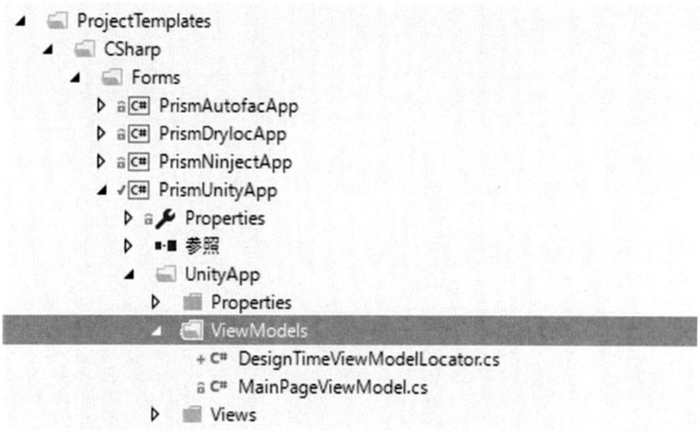

```
{
    public static class DesignTimeViewModelLocator
    {
        public static MainPageViewModel MainPageViewModel => null;
    }
}
```

$safeprojectname$は変数で、コンテンツの配置時に作成者によって指定されたプロジェクト名に
よって置換されます。

次は UnityApp.vstemplate を編集します。これはプロジェクトテンプレートで登録するフ
ァイルの管理などを行うファイルです。MainPageViewModel.cs の定義の下に、次のように
DesignTimeViewModelLocator.cs を追記しましょう。

リスト 3.9: UnityApp.vstemplate

```
・・・
<Folder Name="ViewModels" TargetFolderName="ViewModels">
  <ProjectItem
    ReplaceParameters="true"
    TargetFileName="MainPageViewModel.cs">MainPageViewModel.cs
</ProjectItem>
  <ProjectItem
    ReplaceParameters="true"
    TargetFileName="DesignTimeViewModelLocator
.cs">DesignTimeViewModelLocator.cs</ProjectItem>
</Folder>
・・・
```

続けて UnityAppTemplate.csproj を開きます。こちらはプロジェクトテンプレートで作成される

116 | 第3章 Prism for Xamarin.Forms 入門の次の門

プロジェクトのcsprojファイルになります。プロジェクト内からDesignTimeViewModelLocator.cs
を参照する必要があります。同様にMainPageViewModel.csの下に追記しましょう。

リスト 3.10: UnityAppTemplate.csproj

```
...
<ItemGroup>
  <Compile Include="Properties\AssemblyInfo.cs" />
  <Compile Include="ViewModels\MainPageViewModel.cs" />
  <Compile Include="ViewModels\DesignTimeViewModelLocator.cs" />
</ItemGroup>
...
```

さてプロジェクトテンプレートからPrismプロジェクトを作成すると、デフォルトで
MainPageとMainPageViewModelが作成されます。
このMainPage.xamlをDesignTimeViewModelLocatorが適用された形で作成されるように修正し
ます。ViewModelLocator.AutowireViewModelも不要なので削除してしまいましょう。

リスト 3.11: MainPage.xaml

```
<?xml version="1.0" encoding="utf-8" ?>
<ContentPage
    xmlns="http://xamarin.com/schemas/2014/forms"
    xmlns:x="http://schemas.microsoft.com/winfx/2009/xaml"
    xmlns:viewModels=
        "clr-namespace:$safeprojectname$.ViewModels;assembly=
$safeprojectname$"
    x:Class="$safeprojectname$.Views.MainPage"
    BindingContext="{Binding Source={x:Static
        viewModels:DesignTimeViewModelLocator.MainPageViewModel}}"
    Title="MainPage">
    ...
```

同様に、ItemTemplates\CSharp\Formsの下のPrismCarouselPageから
PrismTabbedPageまで5つのプロジェクトを開き、それぞれのxamlファイルにも
DesignTimeViewModelLocatorの適用とViewModelLocator.AutowireViewModelの削除を行
います。次にPrismCarouselPageの修正例のみ記載します。他のPageも対応内容は同様です。

リスト 3.12: PrismCarouselPage.xaml

```
<?xml version="1.0" encoding="utf-8" ?>
<CarouselPage
    xmlns="http://xamarin.com/schemas/2014/forms"
```

第3章　Prism for Xamarin.Forms 入門の次の門

```
    xmlns:x="http://schemas.microsoft.com/winfx/2009/xaml"
    xmlns:viewModels=
        "clr-namespace:$safeprojectname$.ViewModels;assembly=
$safeprojectname$"
    x:Class="$rootnamespace$.$safeitemname$"
    BindingContext="{Binding Source={x:Static
        viewModels:DesignTimeViewModelLocator.$safeitemname$ViewModel}}">


</CarouselPage>
```

上記 PrismCarouselPage.xaml のコード内で、$safeprojectname$ という置換文字列が指定されていますが、アイテムテンプレートの場合、通常はプロジェクト名の置換文字列が設定されていません。このため、CreateViewModelForViewWizard の初期化処理である RunStarted メソッドを修正し、プロジェクト名を $safeprojectname$ に設定しておくよう修正します。

次のコードが追加したコードになります。

リスト 3.13: CreateViewModelForViewWizard#RunStarted() メソッド

```
public void RunStarted(
    object automationObject,
    Dictionary<string, string> replacementsDictionary,
    WizardRunKind runKind,
    object[] customParams)
{
    // 省略
    var rootNamespace = replacementsDictionary["$rootnamespace$"];
    replacementsDictionary["$safeprojectname$"] =
        rootNamespace.Substring(
            0, rootNamespace.Length - ".Views".Length);
}
```

続けてテンプレートの完了時処理である RunFinished メソッドに、DesignTimeViewModelLocator へ新しい ViewModel を追記するコードを作成します。まずは修正前の RunFinished メソッドを見てください。

リスト 3.14: 修正前の RunFinished メソッド

```
public void RunFinished()
{
    ...
    Array activeProjects = (Array)_dte.ActiveSolutionProjects;
    Project activeProject = (Project)activeProjects.GetValue(0);
```

118 | 第3章 Prism for Xamarin.Forms 入門の次の門

```
        foreach(ProjectItem item in activeProject.ProjectItems)
        {
            if (item.Name == "ViewModels"
                && item.Kind == Constants.vsProjectItemKindPhysicalFolder)
            {
                item.ProjectItems.AddFromTemplate(
                    templatePath, $"{_viewModelName}.cs");
            }
        }
```

　先頭の、つまりXamarin.FormsのViewやViewModelを含むプラットフォーム間で共通ソースを保管したプロジェクトをactiveProjectとして取得しています。その後activeProject直下のProjectItemをすべてループ処理し、そのループ内で条件に一致するProjectItemに対して処理を行っています。上のコードではViewModelsという名称の物理フォルダに対して、新たにViewModelクラスを追加しています。

　ここにDesignTimeViewModelLocatorへViewModelを追加するメソッドの呼び出しを追記します。

リスト3.15: 修正後のRunFinishedメソッド

```
public void RunFinished()
{
    ...
    foreach(ProjectItem item in activeProject.ProjectItems)
    {
        if (item.Name == "ViewModels"
            && item.Kind == Constants.vsProjectItemKindPhysicalFolder)
        {
            item.ProjectItems.AddFromTemplate(
                templatePath, $"{_viewModelName}.cs");
            AppendViewModelForDesignTimeViewModelLocator(item);
        }
    }
```

　引数で渡しているのは、ViewModels物理フォルダオブジェクトです。

次にAppendViewModelForDesignTimeViewModelLocatorを実装します。

リスト3.16: AppendViewModelForDesignTimeViewModelLocatorメソッド

```
void AppendViewModelForDesignTimeViewModelLocator(ProjectItem item)
{
    CodeClass locator = GetDesignTimeViewModelLocator(item);
    if(locator != null)
```

```
    {
        TextPoint classEndpoint =
locator.GetEndPoint(vsCMPart.vsCMPartBody);
        EditPoint editPoint = classEndpoint.CreateEditPoint();
        editPoint.Insert(
            $"public static {_viewModelName} {_viewModelName} => null;");
        editPoint.SmartFormat(classEndpoint);
    }
}
```

最初にGetDesignTimeViewModelLocatorを呼び出し、
DesignTimeViewModelLocatorクラスを表すオブジェクトを取得しています。
GetDesignTimeViewModelLocatorメソッドはこの後説明します。

取得に成功したら、DesignTimeViewModelLocatorのボディのエンドポイント、つまりクラスの
定義ブロックの末尾のTextPointを取得します。そしてTextPointを編集するためのEditPoint
に変換し、ViewModelのプロパティ宣言をInsertした上で、最後に書式フォーマットをかけてい
ます。

最後に、DesignTimeViewModelLocatorを取得する
GetDesignTimeViewModelLocatorです。

リスト 3.17: GetDesignTimeViewModelLocator メソッド

```
CodeClass GetDesignTimeViewModelLocator(ProjectItem item)
{
    foreach (ProjectItem childItem in item.ProjectItems)
    {
        foreach (CodeElement codeElement in
childItem.FileCodeModel.CodeElements)
        {
            if(codeElement.Kind == vsCMElement.vsCMElementNamespace)
            {
                CodeNamespace codeNamespace = (CodeNamespace)codeElement;
                return (CodeClass)codeNamespace.Children.Item(
                    "DesignTimeViewModelLocator");
            }
        }
    }
    return null;
}
```

引数で渡しているのはViewModels物理フォルダオブジェクトです。ViewModels物理フォルダ

の下に存在するつまりViewModelか`DesignTimeViewModelLocator`クラスのオブジェクトから、最初の名前空間宣言オブジェクトを取得しています。取得したものが`CodeNamespace`です。

ViewModelsフォルダの下にはViewModels名前空間のファイルしか置かれていない想定なので、`CodeNamespace`は該当の名前空間を表すオブジェクトが取得されることとなります。取得した結果から、ViewModels名前空間の子である`DesignTimeViewModelLocator`を取得し返却しています。もしViewModels物理フォルダからすべてのクラスが削除されていたらnullを返却します。

これでひとまず完成です。ひとまずというのは、PrismオリジナルのTemplate Packと共存させるのであれば、名称やGUIDなどを多数修正する必要があるからですが、今回は説明を割愛します。

それでは実際に使ってみましょう。

なお使ってみる前に、Prism Template Packをすでにインストールされている方は、先にアンインストールするよう注意してください。

では、テンプレートパックをReleaseビルドしてください。ビルドすると、次のパスにPrismTemplatePack.vsixファイルが作成されます。PrismTemplatePack.vsixを実行し、作成したテンプレートパックをインストールしましょう。

```
TemplatePack\TemplatePack\bin\Release
```

つづいて、新しいプロジェクトを作成します。メニューから「テンプレート」＞「Visual C#」＞「Prism」＞「Xamarin.Forms」を開き、新しい「Prism.Unit.App」を作成しましょう。

図3.19: 新しいプロジェクトの作成

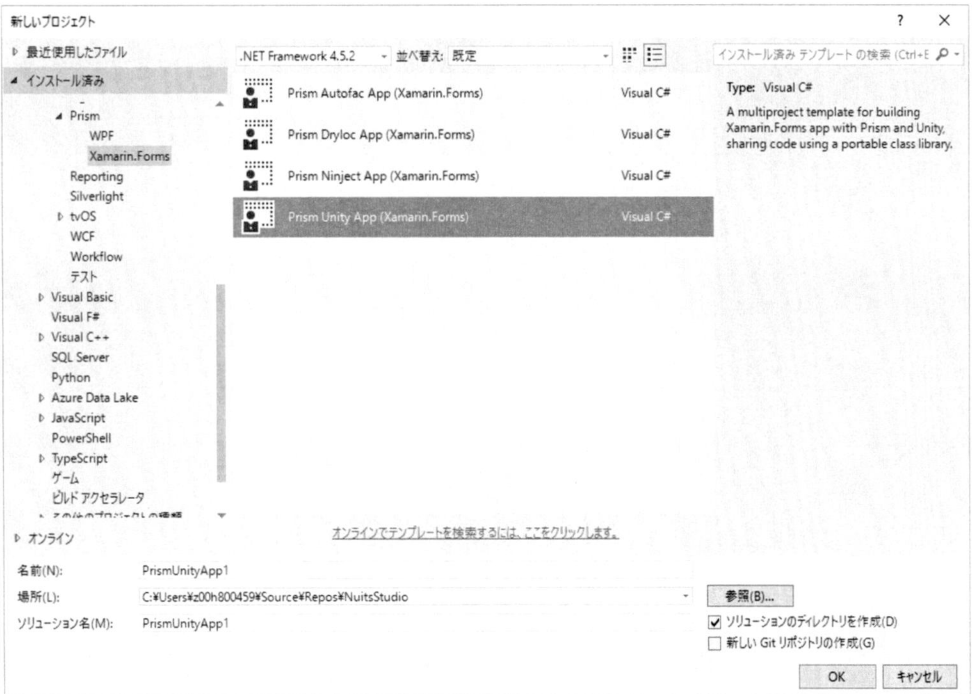

第3章　Prism for Xamarin.Forms入門の次の門　121

プロジェクトが作成されたら、実際の中身を見てみましょう。つぎのようなプロジェクトが作成されるはずです。

図 3.20: 作成されたプロジェクト

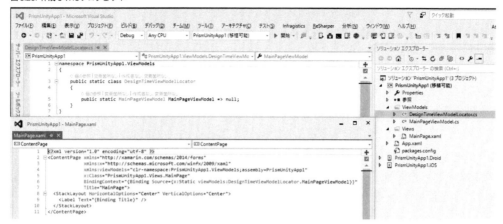

作成されたプロジェクト内のViewModesフォルダにはDesignTimeViewModelLocator.csが作成されています。そして、`DesignTimeViewModelLocator`クラスには`MainPage`プロパティが、`MainPage.xaml`には`BindingContext`への設定コードが反映されていることが確認できるでしょう。

つづいて、新しいPageを足してみましょう。Viewsフォルダを右クリックし、新しい「Prism ContentPage」を作成します。

図 3.21: 新しいページの追加

するとつぎのように、新しいPageとそれに対応するViewModelが作成され、`DesignTimeViewModelLocator`にも追加されたViewModelのプロパティが新たに追記されます。

図3.22: 追加後のプロジェクト

このように、プロジェクトテンプレートの改修を視野に入れることで、ライブラリやアプリケーションの開発とは異なるアプローチで開発生産性や品質の向上を図れることもあります。ぜひ機会があれば利用を検討してみるとよいのではないでしょうか？

3.5　ViewとViewModelのAssemblyの分離

動機と概要

MVVMパターンでアプリケーションアーキテクチャを構築していてると、次の課題に必ず突き当たります。

ViewとViewModelのAssemblyを分離すべきか否か？

PageとPageの`BindingContext`に設定されるViewModelは「ほぼ」1:1の関係になります。そしてViewとViewModelの疎結合といっても、ViewはあくまでViewModelの射影です。このためViewModelは提供するUIを意識せざるを得ません。そもそもViewとViewModelはセットでPresentation層を構築します。この点からは、設計上の実利的にはViewとViewModelを分離する論拠にはなりにくいと考えています。

しかし、個人的にはViewとViewModelは分離した方がよいと考えています。なぜか？

ViewModelがViewへ直接依存してしまうことへの抑止力[16]

としてです。

長期的に見た場合「一定規模以上のアプリケーション」ではピュアMVVMで実現することが好ましいことは明らかです。しかしピュアなMVVMパターンを実現することは、それなりにコストがかかります。短期的な実装コストだけを見た場合、ViewModelから直接Viewを操作してしまった方が早い、なんてことは日常茶飯事です。またチーム開発をしている場合「つい誰かが、直接ViewModelからViewを操作してしまう」ということも起こり得ることでしょう。

このため、クリーンなアーキテクチャを保つため、アーキテクチャデザインからの逸脱に対する

抑止力としてViewとViewModelのAssemblyを分離しておくというのは、効果的なアイディアだと考えています。

しかし、標準の`ViewModelLocator`（正確には`ViewModelLocationProvider`）は、ViewとViewModelが同一のAssemblyにあることを前提としています。

というわけで、何らかの解決策が必要になります。

注意事項

ViewとViewModelのアセンブリを分離してしまうと、PrismのテンプレートでPageを追加する際にViewModelの自動生成などが利用できなくなります。ここでは触れませんが、ViewとViewModelのアセンブリを分離するのであれば、できればテンプレートをカスタマイズした方がよいでしょう。

実現方法と解説

Prismには元々、ViewからViewModelを特定するルールを利用者サイドで変更する仕組みが用意されています。これを利用するのがもっとも簡単で適切な解決策です。具体的には、`ViewModelLocationProvider`クラスの`SetDefaultViewTypeToViewModelTypeResolver`メソッドを利用します。このメソッドに対して、ViewのTypeからViewModelのTypeを解決する独自の`Func<Type, Type>`を設定することで実現可能です。

ではその実装を見ていきましょう。実装は再利用可能なクラスライブラリを作成することを想定して進めます。このため、アプリケーションのプロジェクトとは別のプロジェクトを作成して進めましょう。これから作成するクラスは、Prism for Xamarin.FormsだけでなくWPF・UWPでも活用可能なのでそれを意識した名前空間にするとよいかもしれません。「いや、Xamarinしかやらないし」という人は細かいことを気にする必要はないでしょう。今回のサンプルコードでは「NextGateForPrism」というプロジェクト名にしました。

さて、それでは始めましょう。

まずは、`PageNavigationTypeResolver`というstaticクラスを作ります。クラス名を`PageNavigationTypeResolver`とつけたのは、後ほどViewModelのTypeからViewのTypeを解決するメソッドを追加して双方向変換に対応するためです。

リスト3.18: PageNavigationTypeResolver.cs

```
namespace NextGateForPrism
{
    public static class PageNavigationTypeResolver
    {
    }
}
```

そしてViewのAssemblyに対応するViewModelのAssemblyを登録するメソッドと登録された情

報を保持するフィールドを定義します。

リスト 3.19: PageNavigationTypeResolver # AssignAssemblies()

```
private static readonly Dictionary<Assembly, Assembly>
    _viewModelAssignedToViewAssemblies =
        new Dictionary<Assembly, Assembly>();

public static void AssignAssemblies<TView, TViewModel>()
{
    var viewAssembly = typeof(TView).GetTypeInfo().Assembly;
    var viewModelAssembly = typeof(TViewModel).GetTypeInfo().Assembly;
    _viewModelAssignedToViewAssemblies[viewAssembly] = viewModelAssembly;
}
```

続いて、Dictionary<Assembly, Assembly>から、KeyとなるAssemblyを指定して対応する
Assemblyを解決するメソッドを定義します。事前にAssemblyが割り当てられていなかった場合、
Keyと同一のAssemblyを返却する仕様[17]としています。Dictionaryを渡しているのは、ViewModel
からViewを割り当てる際にも同様の実装が必要となるためです。

リスト 3.20: ViewModel の Assembly の解決

```
private static Assembly ResolveAssembly(
    Dictionary<Assembly, Assembly> assemblies, Assembly key)
{
    Assembly result;
    if (!assemblies.TryGetValue(key, out result))
    {
        result = key;
        assemblies[key] = result;
    }
    return result;
}
```

最後に、ViewのTypeからViewModelのTypeを解決するメソッドを定義しましょう。

リスト 3.21: ResolveForViewModelType メソッド

```
public static Type ResolveForViewModelType(Type viewType)
{
    var viewName = viewType.FullName.Replace(".Views.", ".ViewModels.");
    var suffix = viewName.EndsWith("View") ? "Model" : "ViewModel";
    var assembly =
```

第3章　Prism for Xamarin.Forms入門の次の門 | 125

```
        ResolveAssembly(
            _viewModelAssignedToViewAssemblies,
            viewType.GetTypeInfo().Assembly);
    return assembly.GetType($"{viewName}{suffix}");
}
```

　これでライブラリ側の準備は完了しました。あとは、アプリケーション側のコードへ初期化処理を
追加しましょう。対象アプリケーションのApp.xaml.csを開き、`ConfigureContainer`をオーバー
ライドします。

リスト 3.22: App#ConfigureContainer

```
protected override void ConfigureContainer()
{
    base.ConfigureContainer();
    PageNavigationTypeResolver.AssignAssemblies<MainPage,
MainPageViewModel>();
    ViewModelLocationProvider. SetDefaultViewTypeToViewModelTypeResolver(
        PageNavigationTypeResolver.Resolve);
}
```

　`base`は必ず呼び出す必要があります。
　その上で、`PageNavigationTypeResolver`にViewとViewModelのAssenblyを登録し、
`ViewModelLocationProvider`に対してResolverメソッドを登録しています。
　これでViewとViewModelのAssemblyの分離は実現されました。ViewとViewModelのアセンブ
リを分離し動作確認を行ってみてください。
　なおサンプルのリポジトリには`EmployeeManager`というアプリケーションが含まれています。
こちらのアプリケーションは、プロジェクトをどう分割したらよいか、ひとつの指針となると思い
ますので、良かったらご覧ください。

3.6　ViewModel 指定のナビゲーション

動機と概要

　Prismの強力な機能のひとつに、画面遷移機構があります。Prismのプロジェクトテンプレート
から作成されたアプリケーションでは、最初の画面遷移として次のようなコードが生成されます。

リスト 3.23: App#OnInitialized

```
protected override void OnInitialized()
{
    InitializeComponent();
```

126 | 第3章　Prism for Xamarin.Forms 入門の次の門

```
    NavigationService.NavigateAsync("MainPage");
}
```

Prismでは上記のとおり「遷移名」を指定することで画面遷移を行うことが可能です。

Xamarin.Formsの標準の画面遷移では、遷移先の画面インスタンスを渡す必要があります。しかしその仕組みをそのまま利用することは、MVVMパターンを適用する場合不適切です。MVVMパターンを採用する場合、画面遷移処理はViewModel側に実装します。しかし、画面遷移に次画面のインスタンスが必要だとViewModelからViewへの直接依存が発生してしまい好ましくありません。

そこで、ViewとViewModelの疎結合を実現するため、Prismでは遷移名を文字列（内部的にはUri）により指定ことで画面遷移を実現しています。繰り返しになりますが、一見View（もしくはPage）の名称を指定して遷移しているように思えますが、遷移名のデフォルトにViewのクラス名が採用されているだけで、遷移時に指定しているのはあくまで遷移名です。

これは非常に強力な機能なのですが、同時にひとつの課題を私たちに与えます。それは

画面遷移の文字列をどこに定義すべきか？

というものです。

もっともシンプルな解決策は「遷移先のViewに対応するViewModelに名称を定数として定義する」というものでしょう。たとえば、
SecondPageViewModelにNavigationName定数（値は"SecondPage"）を定義し、遷移元のPageからNavigateAsync(SecondPageViewModel.NavigationName)を呼びます。

これはXAMLアーキテクチャに則ってアプリケーションを実現する場合、同時に次のことがいえるため自然な発想です。

・画面と対応するトップレベルのViewModelは「ほぼ」1:1
・ViewModelからViewへの直接依存は生みたくない
・同一の遷移先をもつ、異なる複数の遷移元が存在する可能性がある

ですが、よくよく考えると「そもそも遷移名の定数は不要な場合がほとんどではないか？」という思考に到達するでしょう。なぜなら

・View:遷移名 ≒ 1:1、且つ、View:ViewModel ≒ 1:1 であるなら、ViewModel:遷移名 ≒ 1:1 になる
・Prismの標準ルールでは

　○「遷移名=View名、且つ、ViewModel名=View名+"ViewModel"」である（例：View名="SecondPage"
　　なら、ViewModel名="SecondPageViewModel"となる）

　○したがって、遷移名=ViewModel名-"ViewModel"である（例：遷移名は、"SecondPageViewModel"
　　-"ViewModel"="SecondPage"となる）

となるためです。

結果、ViewModelのクラス名から遷移名は「ほぼ」特定できるため、イメージとして次のようなナビゲーションが実現できるはずです。

リスト3.24: App#OnInitialized

```
protected override void OnInitialized()
```

第3章　Prism for Xamarin.Forms入門の次の門　｜　127

```
{
    InitializeComponent();
    NavigationService.NavigateAsync<MainPageViewModel>();
}
```

　この方式のメリットは、無駄な定数が不要となり「やや手間が省ける」ということだけに留まりません。定数定義したとはいえ文字列を利用するのに比較して、高い安全性が得られるというメリットもあります。この安全性こそがViewModel指定のナビゲーションのもっとも魅力的な部分です。

注意事項

　さて先にも述べたように、ViewModel指定のナビゲーションは実のところ、Prismの正式リリース前に存在した機能でしたが、正式リリース前に削除された経緯があります。[18]
　要約すると次の課題が存在するためです。

　1．遷移先のViewModelを参照していない場合は遷移できない（PrismのModules機能を利用している場合など）

　2．DeepLinkがサポートされない

　3．2.のため、Sleepからの復帰時などにナビゲーションスタックの復元がサポートされない

　またIssueには書かれていませんが、同一のViewModelを複数のViewで利用することもできません。

　そしてこれらが問題にならない場合、簡単な拡張メソッドを用意すればPrism側でサポートしなくてもアプリケーション側で対処でき、必ずしもPrism内部に用意する必要はないという理由もあります。

　これらはもっともな話ですが、それでもViewModel指定のナビゲーションは魅力的です。そしてこれらの課題は、つぎに示すいくつかの条件のもと解決が可能です。

　1．View:ViewModel=1:nの制約を受け入れる[19]

　2．Module間の画面遷移は文字列ベースで行う

　3．ViewModel指定でDeepLink指定可能な仕組みを用意する

　4．（DeepLink含め）ViewModelと文字列双方の画面遷移の共存をサポートする

　1.については、ひとつのViewModelを複数のViewで再利用したい場合、共通の基底クラスを作成しView別のViewModelを作成するなどの手法で回避することが可能です。

　これらは制約をともないますが、アプリケーションとしては受け入れ可能なことが多いと私は考えています。

ModulesとDeepLink

　Modulesとは、アプリケーションを複数のサブシステムに分割して開発し、それらのサブシステムを統合することでアプリケーションを実現するPrismの機能です。サブシステムは相互に依存性のない異なるアセンブリとして実装される想定となっているため、遷移時に遷移先のViewModelを参照することができません。

DeepLinkとは、一般的にはアプリケーション外部からアプリケーション内部の特定のコンテンツ
へ、直接アクセスするための仕組みのことを指します。その際、アプリケーションは先頭ページで
はなく、いくつかの画面遷移がなされた状態で開くことを求められることがあります。

　PrismでいうDeepLinkは、厳密にいうと一般的な意味合いとやや異なります。必ずしもアプリ
ケーションの外から中へという場合だけで利用するわけではなく、複数の画面遷移を一度にまとめ
て行う際に利用する機能のことを指してDeepLinkと呼んでいます。

　たとえば、次のように呼び出すことでPage1とPage2の二画面分の画面遷移を一度にまとめて行
うことができます。

リスト3.25: DeepLinkの例

```
navigationService.NavigateAsync("Page1/Page2");
```

　Prismではこの仕組みを利用することで、アプリケーション外からアプリケーション内へのDeepLink
や、アプリケーションが休止から復帰した際のナビゲーションスタックの復旧などを実現します。

IIIIIIIIIIIIIIIIIIIIIIIIIIIIIIIIIIIIIIIIIIIIIIIIIIIIIIIIIIIIIIIIIIIIIIIIIIIIIIIIIIIIIIIIIIIIIIIIIIIIIIIIIIIIIIIIIII

実現方法と解説

　さてPrismでは、ViewのTypeからNameプロパティの値を取得し、それをデフォルトの遷移名
として利用しています。ViewModelの名称は

View名 + 「ViewModel」 = ViewModel名

が基本のルールですから、ViewModelのTypeからViewのTypeを特定することは比較的容易です。
このため

　1．命名規則を利用して、ViewModelのTypeからViewのTypeを特定する

　2．ViewのTypeからNameプロパティを取得する

　3．取得したTypeの名称を利用し、INavigationServiceのNavigateAsyncを呼び出す

とすることで、もっともシンプルなViewModel指定の画面遷移は実現可能です。

　1.に関しては、先に作成したPageNavigationTypeResolverの中に、ViewModelからViewを
特定するメソッドを作成します。

　2.～3.は簡単な実装ですが、画面遷移の各所に必要な処理となるためINavigationServiceの拡
張メソッドを作成すると利便性が高いでしょう。

　ここでは大まかに次の手順で実装を進めます。

　1．先に作成したPageNavigationTypeResolverクラスへViewModelからViewのTypeを特定
　　　するメソッドの実装

　2．ViewModel指定で画面遷移するINavigationServiceの拡張メソッドの実装

なおここで紹介する方法は、Prism for Xamarin.Forms独自の解決策です。他のプラットフォー
ムでも画面遷移に関する類似の概念はありますが実装は異なります。

　このため、先ほどはNextGateForPrismというプロジェクトにクラスを作成しましたが、新たに
「NextGateForPrism.Forms」という名称のプロジェクトを作成することとします。

　それでは順を追って説明していきましょう。まずは、前述のPageNavigationTypeResolverク

第3章　Prism for Xamarin.Forms入門の次の門　│　129

ラスを開いてください。命名規則を利用して、ViewModelのTypeからViewのTypeを特定するメソッドを作成していきます。手順は次のとおりです。

1. ViewModelのAssemblyをキーにViewのAssemblyを保持するDictionary<Type, Type>フィールドの追加
2. 同時にAssignAssembliesメソッドへ追加したフィールドへ値を設定するコードの追加

リスト3.26: ViewModelのAssemblyからViewのAssemblyを保持するフィールドの初期化

```
private static readonly Dictionary<Assembly, Assembly>
    _viewAssignedToViewModelAssemblies =
        new Dictionary<Assembly, Assembly>(); // 追加

public static void AssignAssemblies<TView, TViewModel>()
{
    var viewAssembly = typeof(TView).GetTypeInfo().Assembly;
    var viewModelAssembly = typeof(TViewModel).GetTypeInfo().Assembly;
    _viewModelAssignedToViewAssemblies[viewAssembly] = viewModelAssembly;
    _viewAssignedToViewModelAssemblies[viewModelAssembly] = viewAssembly;
// 追加
}
```

その上で、実際にViewModelのTypeからViewのTypeを解決するメソッドを追加しましょう。

リスト3.27: ViewModelのTypeからViewのTypeを解決するメソッド

```
public static Type ResolveForViewType<TViewModel>() where TViewModel :
class
{
    var viewModelName =
        typeof(TViewModel).FullName.Replace(".ViewModels.", ".Views.");
    var suffixLength =
        viewModelName.EndsWith("PageViewModel") ?
            "ViewModel".Length : "Model".Length;
    var assembly =
        ResolveAssembly(
            _viewAssignedToViewModelAssemblies,
            typeof(TViewModel).GetTypeInfo().Assembly);
    return assembly.GetType(
        viewModelName.Substring(0, viewModelName.Length - suffixLength));
}
```

そして遷移処理を組み込んだ拡張メソッドを実装します。そのため、次のようなクラスを

130 | 第3章 Prism for Xamarin.Forms入門の次の門

「NextGateForPrism.Forms」プロジェクトへ作成してください。

リスト 3.28: NavigationServiceExtensions クラス

```
namespace NextGateForPrism
{
    public static class NavigationServiceExtensions
    {
    }
}
```

名前空間はPrismの命名規則にしたがって、「NextGateForPrism.Forms」ではなく「NextGateForPrism」としています。実際の遷移処理は次のように実装します。

このクラスの中にINavigationServiceの拡張メソッドを作成し、次の手続きを実装します。

1. ViewのTypeからNameプロパティを取得する
2. 取得したTypeの名称を利用し、INavigationServiceのNavigateAsyncを呼び出す

リスト 3.29: ViewModel 指定の遷移メソッド

```
public static Task NavigateAsync<TViewModel>(
    this INavigationService navigationService,
    NavigationParameters parameters = null,
    bool? useModalNavigation = null,
    bool animated = true)
    where TViewModel : class
{
    var viewType =
PageNavigationTypeResolver.ResolveForViewType<TViewModel>();
    return navigationService.NavigateAsync(
        viewType.Name, parameters, useModalNavigation, animated);
}
```

こうすることで先のPrismの遷移名の標準ルールが「ViewのTypeから取得したNameプロパティの値」という仕様が変わらない限り、NavigationServiceの実装が変わっても、変わった実装に追随しつつViewModel指定による画面遷移を提供することが可能となります。

さて、それでは実際に画面遷移のロジックを修正しましょう。Appクラスの画面遷移呼び出しを次のように修正しましょう。

リスト 3.30: 画面遷移呼び出しの修正

```
protected override void OnInitialized()
{
    InitializeComponent();
```

第3章　Prism for Xamarin.Forms 入門の次の門　131

```
    // NavigationService.NavigateAsync("MainPage");          // 修正前
    NavigationService.NavigateAsync<MainPageViewModel>();     // 修正後
}
```

　Appクラスに、NextGateForPrism名前空間へのusingが必要となりますので注意してください。

　なお、上のコードは修正前のコードでも正常に動作します。内部的には遷移の指定はより遷移先の名称を指定していますし、遷移先は既存と同じViewの名称を利用しているためです。これによりViewModel指定とリテラル指定の双方を同時に実現しています。

　これでもっとも簡単なViewModel指定によるナビゲーションを実現することができました。

3.7　DeepLinkにおけるViewModel指定とリテラル指定の共存

動機と概要

　前節ではViewModel指定によるナビゲーションについて説明してきました。その際、ナビゲーション先の指定は型パラメーターで行いました。

　しかしこの方式ではDeepLinkを実現することができません。

　前節のViewModel指定のナビゲーションは遷移先を型パラメーターで指定しました。しかし、型パラメーターの数を動的に増減させることができないため、同じアプローチでDeepLinkを実現することは困難です。特定の深さまでという制約をもって、型パラメーターの数を増やしたオーバーロードメソッドを用意することで制約付きで実現できないこともありません。しかし画面遷移時のパラメーターの指定の問題もありますし、正直よいインターフェースとはいえないでしょう。

　DeepLinkの実現が困難なことは、PrismでViewModel指定によるナビゲーションの採用が見送られた理由のひとつでもあります。

　DeepLinkは次の3つの利用ケースでよく利用されます。

　1．アプリケーション外から直接アプリケーション内の深い画面を開く
　2．アプリケーションがスリープから復旧するときにスリープ前のナビゲーションスタックを再構築する
　3．NavigationPageを利用した画面構成を利用するときに、最初のページへの遷移

　どれも場合によっては不要かもしれませんが、場合によっては見限ることができるとは限りません。また初期構築時には不要であったとしても未来永劫それがキープできるとも限りません。このため、DeepLinkと共存できない状態で画面遷移のアーキテクチャを決定することにはリスクを含みます。

　これを解決するアイディアを説明します。

実現方法と解説

　1．画面遷移を表現するオブジェクトを定義し、それの集合（リストなど）を引数で指定させる
　2．上記オブジェクトからDeepLinkの文字列を構築し、画面遷移を実行する

　これによって、ViewModel指定とリテラル双方によるDeepLinkの共存を実現することができます。

では順を追って説明していきましょう。

まず画面遷移情報を保持するPageNavigationクラスを「NextGateForPrism.Forms」プロジェクトに作成してください。

リスト3.31: 画面遷移オブジェクト

```
public class PageNavigation
{
    public string Name { get; }
    public NavigationParameters Parameters { get; } = new
NavigationParameters();
    public bool? UseModalNavigation { get; set; }
    public bool Animated { get; set; } = true;
    public PageNavigation(string name)
    {
        Name = name;
    }
    public override string ToString()
        => Parameters.Any() ? Name + Parameters : Name;
}
```

PageNavigationクラスには画面遷移時に必要とされる次のプロパティを保持しています。

・遷移名

・NavigationParameters

・UseModalNavigation

・Animated

NavigationParametersはPrism提供のクラスをそのまま使います。

またToStringメソッドをオーバーライドしています。ToStringメソッドはDeepLink用の文字列を構築するときに利用します。

PrismではDeepLinkの際、画面ごとに次のように指定することでパラメーターを設定することができます。

リスト3.32: パラメーター付き DeepLink 例

```
navigationService.NavigateAsync("Page1?key1=value1/Page2?key2=value2");
```

上記の例では、現在のページからPage1、Page2と遷移し、Page1にはkey1という名称でvalue1をパラメーターとして渡し、Page2にはkey2という名称でvalue2という値を渡しています。

Prismが提供しているNavigationParametersクラスのToStringメソッドでは、設定されているパラメーターに従い「?key1=value1」と言ったUri形式でパラメーターを文字列化するように実装されています。先に作成したPageNavigationクラスのToStringでは、パラメーターが設定さ

第3章　Prism for Xamarin.Forms入門の次の門　| 133

れていた場合はこれを用いてナビゲーション文字列を生成しています。

続いて、PageNavigation.csファイルへ型引数にViewModelを指定してインスタンス化することのできる PageNavigation<TViewModel>クラスも追加しましょう。

リスト 3.33: PageNavigation<TViewModel>

```
public class PageNavigation<TViewModel> : PageNavigation where TViewModel
: class
{
    public PageNavigation()
        : base(PageNavigationTypeResolver.ResolveForViewType<TViewModel>
().Name)
    {
    }
}
```

ViewModelの型とPageNavigationTypeResolverを利用してViewModelから遷移名を取得・初期化しています。

さてそれでは、このクラスを利用して実際のDeepLinkを実現するINavigationServiceの拡張メソッドを追加しましょう。NavigationServiceExtensionsクラスを開いて次のメソッドを追加してください。

リスト 3.34: DeepLink による画面遷移

```
public static Task NavigateAsync(
    this INavigationService navigationService,
    params PageNavigation[] pageNavigations)
{
    if(!pageNavigations.Any())
        throw new ArgumentException("pageNavigation is empty.");

    const string delimiter = "/";
    var latest = pageNavigations.Last();

    return navigationService.NavigateAsync(
        delimiter + string.Join<PageNavigation>(delimiter,
pageNavigations),
        null,
        latest.UseModalNavigation,
        latest.Animated);
}
```

134 | 第3章 Prism for Xamarin.Forms 入門の次の門

DeepLinkを実現するため、引数にはPageNavigationの配列を受け取ります。これからDeepLink用の文字列を生成してINavigationServiceのNavigateAsyncメソッドを呼び出しています。このとき、いくつかのポイントがあります。

1. 絶対パス遷移のみ対応
2. 遷移方法（モーダルか非モーダルか）、アニメーションの有無は最後の画面のみ指定可能
3. 最後の画面のパラメーター含め、すべてUri形式の文字列で指定

絶対パス遷移にみに対応しているのは、恐らくXamarin.Forms側の不具合が要因で相対パスでDeepLinkを利用すると現時点ではプラットフォームによっては画面レイアウトが崩れるためです。[20]

アニメーションはさて置き、遷移方法（モーダルか非モーダルか）が最後の画面のみ指定可能なのは少し不便です。これはPrism自体がDeepLink時に、遷移途中の画面の遷移方法を指定する方法が提供されていないためです。なおPrism側で現在実現方法を検討中[21]なので、それが実現すればこちらでも対応は可能でしょう。このため、適用される遷移方法は、画面遷移前の状態に依存する形になります。たとえばNavigationPageで利用されていれば非モーダルとなりますし、それ以外であればモーダル遷移となります。

さぁこれで準備は完成です。次のコメントアウトされたコードとされていないコードは、いずれでも同じ意味を持った画面遷移となります。

リスト 3.35: ViewModel 指定とリテラル指定、双方共存の例

```
//navigationService.NavigateAsync("Page1?key1=value1/Page2?key2=value2");

var navigation1 = new PageNavigation<Page1ViewModel>();
navigation1.Parameters["key1"] = "value1";
var navigation2 = new PageNavigation<Page2ViewModel>();
navigation2.Parameters["key2"] = "value2";
navigationService.NavigateAsync(navigation1, navigation2);
```

リテラル表記と比べて冗長に見えるかもしれませんが、実際にはリテラル表記も文字列を組み立てる処理が必要になります。そして構築された文字列が適切な表現となっているかどうかは動かして見るまでわかりません。そういう意味ではやや冗長ながら、より安全性が高いといえるのではないでしょうか。

これによって、ViewModel指定とリテラル指定が共存できるようになったことで、次のケースにおいていずれであっても問題なくアプリケーションが実現できることとなりました。

1. アプリケーション外から直接アプリケーション内の深い画面を開く
2. アプリケーションがスリープから復旧するときにスリープ前のナビゲーションスタックを再構築する
3. NavigationPageを利用した画面構成を利用するときに、最初のページへの遷移

さあ、これでPrism公式でViewModel指定によるナビゲーションが見送られた、次の懸念事項が

すべて払拭できたといってよいでしょう。

1．DeepLinkがサポートされない

2．そのため、Sleepからの復帰時などにナビゲーションスタックの復元がサポートされない

ぜひViewModel指定によるナビゲーションの利便性を体感してみてください。

3.8　遷移名の属性（Attribute）による指定

動機と概要

Prismの標準的な実装では、ナビゲーション時に指定する遷移名は実装クラスの名称が利用されます。このとき、アプリケーション外からのDeepLinkを考慮すると、次のような課題に直面します。

・クラス名を利用するとUriが長くなりすぎる

・アプリのクラス名の変更が、公開されたDeepLinkのUriによって制限を受ける

実装クラスと遷移名を分離する方法は、Prismで公式の方法が提供されています。しかし、その方法はここまで紹介してきたViewModel指定のナビゲーションと併用することができません。

そこで本節では、遷移名を定義するAttributeを作成することで、ViewModelの名称と遷移名をスマートに分離する方法を紹介します。

具体的には次のようなイメージです

リスト3.36: 属性による画面遷移情報の定義

```
[PageNavigation("p1")]
public class Page1ViewModel : BindableBase
{
    ...
```

本来、`Page1ViewModel`に対応するViewの名称であるPage1が遷移名になりますが、上のように指定した場合は遷移名がp1となるイメージです。

実現方法と解説

遷移名の指定自体は属性を利用するとして、それを活用するためには大きくふたつの対応を必要とします。

1．属性により指定された遷移名でDI ContainerへViewを登録する

2．画面遷移処理時に、属性で指定された遷移名にて遷移するように改修する

2.について。これは、前節で作成した画面遷移を表す`PageNavigation<TViewModel>`のコンストラクタの修正も含みます。

具体的に本節では次の手順で対応します。

1．遷移名を指定する属性クラスの作成

2．ViewModelから遷移名を解決するクラスの作成

3．`NavigationServiceExtensions`の遷移名解決方法の修正

４．PageNavigation<TViewModel>のコンストラクタの修正

５．２.の遷移名を利用して、ViewをIUnityContainerへ登録を行うための拡張メソッドの作成

ナビゲーションの実装はXamarin.Formsに密接に依存するため、1.～2.に関しては NextGateForPrism.Formsプロジェクトへ作成しましょう。5.に関しては、実装前に別途説明します。

1. 遷移名を指定する属性クラスの作成

それではまずは遷移名を指定する属性クラスを作成します。

リスト 3.37: PageNavigationAttribute クラス

```
namespace NextGateForPrism
{
    [AttributeUsage(AttributeTargets.Class)]
    public class PageNavigationAttribute : Attribute
    {
        public string Name { get; set; }
        public PageNavigationAttribute(string name)
        {
            Name = name;
        }
    }
}
```

例によってPrismの命名規則に則っているため、namespaceがNextGateForPrismである点に注意が必要ですが、それ以外は.NETの標準的な属性クラスです。

2. ViewModelから遷移名を解決するクラスの作成

続いて、ViewModelのTypeから遷移名を解決するクラスを作成します。NextGateForPrism.Forms プロジェクトへPageNavigationNameResolverというクラスを新たに作成してください。

リスト 3.38: ViewModel の Type から遷移名を解決するクラス

```
public class PageNavigationNameResolver
{
    private static readonly Dictionary<Type, string> NavigationNames
        = new Dictionary<Type, string>();
    public static string Resolve<TViewModel>() where TViewModel : class
    {
        string name;
        if (!NavigationNames.TryGetValue(typeof(TViewModel), out name))
        {
            name =
```

第3章　Prism for Xamarin.Forms 入門の次の門

```
            typeof(TViewModel)
                .GetTypeInfo()
                .GetCustomAttribute<PageNavigationAttribute>()
                ?.Name;
        if (string.IsNullOrEmpty(name))
        {
            name =
                PageNavigationTypeResolver
                    .ResolveForViewType<TViewModel>()
                    ?.Name;
        }
        NavigationNames[typeof(TViewModel)] = name;
    }
    return name;
    }
}
```

PageNavigationNameResolverには、遷移名をキャッシュしているstaticなフィールド「NavigationNames」と、ViewModelのViewModelのTypeから遷移名を解決するResolveメソッドを定義しています。

Resolveメソッドでは、ViewModelからPageNavigationAttributeを取得し、遷移名が取得できた場合はそれを利用し、できなかった場合はPageNavigationTypeResolverからViewのTypeを取得しその名称を遷移名として割り当てています。それほど難しい実装ではありませんね。

3. NavigationServiceExtensionsの遷移名解決方法の修正

それではPageNavigationNameResolverを利用して遷移処理側を改修していきます。まずはNavigationServiceExtensionsを開いてください。NavigateAsync<TViewModel>を次のように改修します。

リスト3.39: NavigateAsync＜TViewModel＞の改修

```
public static Task NavigateAsync<TViewModel>(
    this INavigationService navigationService,
    NavigationParameters parameters = null,
    bool? useModalNavigation = null,
    bool animated = true) where TViewModel : class
{
    // var viewType =
PageNavigationTypeResolver.ResolveForViewType<TViewModel>();
    // return navigationService.NavigateAsync(
    //    viewType.Name, parameters, useModalNavigation, animated);
```

138 | 第3章 Prism for Xamarin.Forms 入門の次の門

```
    var name = PageNavigationNameResolver.Resolve<TViewModel>();
    return navigationService.NavigateAsync(
        name, parameters, useModalNavigation, animated);
}
```

コメントアウトされているのが修正前のコードです。Viewのクラス名が利用されていた個所を
PageNavigationNameResolverによって遷移名を解決するように変更しています。

4. PageNavigation<TViewModel>のコンストラクタの修正

同様にPageNavigation<TViewModel>のコンストラクタも修正しましょう。

リスト3.40: PageNavigation<TViewModel>のコンストラクタの改修

```
//public PageNavigation()
    : base(PageNavigationTypeResolver.ResolveForViewType<TViewModel>()
.Name)
public PageNavigation() :
base(PageNavigationNameResolver.Resolve<TViewModel>())
```

5. 遷移名を利用してViewをIUnityContainerへ登録を行うための拡張メソッドの作成

そして最後にDI Containerへの登録処理です。コンテナへの登録は当然ながらコンテナへ依存します。このため、Xamarin.Forms & Unity用の新しいプロジェクト「NextGateForPrism.Unity.Forms」を作成してください。なお名称はPrismの命名規則に則っています。

それでは新しく作成したプロジェクトへIUnityContainerへの拡張メソッドを定義するクラス。UnityContainerExtensionsを作成し、併せて登録処理を実装しましょう。

リスト3.41: DI Containerへ属性名でViewを登録する

```
public static IUnityContainer
RegisterTypeForNavigationFromViewModel<TViewModel>(
    this IUnityContainer container) where TViewModel : class
{
    var viewType =
PageNavigationTypeResolver.ResolveForViewType<TViewModel>();
    var name = PageNavigationNameResolver.Resolve<TViewModel>();
    return container.RegisterTypeForNavigation(viewType, name);
}
```

ViewModelを型パラメーターで指定し、そこからViewのTypeと遷移名を取得しコンテナへ登録しています。

さぁ、これで準備はできました。あとはアプリケーション側のコードを修正しましょう。まずは

何らかのViewModelを開いてください。以下ではMainPageViewModelを例に挙げています。

リスト3.42: MainPageViewModel クラスの遷移名を"m"に変更する

```
[PageNavigation("m")]
public class MainPageViewModel : BindableBase
{
    ...
```

遷移名を"MainPage"から"m"一文字に変更しています。

続いて、Appクラスを開いてください。

リスト3.43: コンテナ登録箇所の修正

```
protected override void RegisterTypes()
{
    Container.RegisterTypeForNavigation<NavigationPage>();
    //Container.RegisterTypeForNavigation<MainPage>();
    Container.RegisterTypeForNavigationFromViewModel
<MainPageViewModel>();
}
```

　上記のとおり、Viewを指定してコンテナへ画面遷移情報を登録していた個所を、先ほど作成したRegisterTypeForNavigationFromViewModelメソッドでViewModelを指定して登録するように変更します。こうすることで文字列で指定する場合、次のように画面遷移を指定することが可能となります。

リスト3.44: アプリケーション起動時の初期画面遷移

```
protected override void OnInitialized()
{
    InitializeComponent();
    NavigationService.NavigateAsync("NavigationPage/m");
}
```

　これでクラス名と遷移名を分離することが可能となりました。

　また前節では「Prismの遷移名の標準ルールがViewのTypeから取得したNameプロパティの値という仕様が変わらない限り、Prismの仕様変更に追随できる」と書きました。本節の対応によってDI ContainerへのViewの登録も管理する形となりましたので、標準ルールに変更が入っても影響を受けなくなっていることを言い添えておきたいと思います。

140　　第3章　Prism for Xamarin.Forms 入門の次の門

3.9　命名規則から逸脱したView・ViewModelマッピング

動機と概要

　PrismではViewとViewModelのマッピングは命名規則に則って解決されます。しかし例外的に命名規則から逸脱したマッピングを利用したいケースがあるかもしれません。Prismではこういった際に、ViewとViewModelのクラスを任意に組み合わせる方法が提供されています。本節ではViewModel指定のナビゲーションを利用したうえで、同様の機能を実現する方法を示します。

　なお前節では、つぎのように遷移名を変更しました。

Viewクラス：FooPage、ViewModelクラス：FooPageViewModel、遷移名：bar

　本節では、ViewクラスとViewModelクラスのマッピングを変更します。

Viewクラス：HogePage、ViewModelクラス：BarPageViewModel、遷移名：BarPage

　遷移名はViewModelクラス基準となります。もちろん、前節の方法と併用して全て任意に割り当てることも可能です。

実現方法と解説

　実現方式として考えられる方向性は、ふたつあります。

　１．先に作成したPageNavigationTypeResolverクラスにマッピング機能を改修する

　２．ViewModelLocationProviderのマッピング機能を利用する

　いずれの場合でも、実現できる機能に差異はありませんが、前者を利用した場合はアプリケーション起動時に、ViewModelLocationProviderにPageNavigationTypeResolverを明示的に設定する必要があります。それに対して、後者はそういった手続きは不要なため、ここでは後者の方法を紹介します。

　それでは実装方法を説明しましょう。実装はIUnityContainerの拡張メソッドとして行いますので、先に作成したUnityContainerExtensionsクラスを開き、以下のメソッドを追加してください。

リスト3.45: 命名規則から逸脱したView・ViewModelマッピングの設定

```
public static IUnityContainer
    RegisterTypeForNavigationFromViewModel<TView, TViewModel>(
        this IUnityContainer container)
    where TView : class
    where TViewModel : class
{
    ViewModelLocationProvider.Register<TView, TViewModel>();
    var name = PageNavigationNameResolver.Resolve<TViewModel>();
    return container.RegisterTypeForNavigation(typeof(TView), name);
```

第3章　Prism for Xamarin.Forms入門の次の門　｜　141

```
    }
```

　まずViewModelLocationProviderを利用して、ViewとViewModelのクラスを明示的に紐づけます。
その後、ViewModelから遷移名情報を取得し、指定されたViewを遷移名を指定してIUnityContainer
へ登録します。これですべて完成です。

　あとはAppクラスのRegisterTypesメソッドで次のように呼び出すことでViewとViewModelを
任意の組み合わせで利用可能となります。

リスト3.46: Appクラスでの登録方法

```
protected override void RegisterTypes(){
    ...
    Container.RegisterTypeForNavigationFromViewModel<HogePage,
BarPageViewModel>();
}
```

以上です。

3.10　まとめ

さて、本章での解説はここまでですが、いくつかの課題が残っています。

1．Prism提供のコンテナ登録メソッドであるRegisterTypeForNavigationOnPlatformに類
　　するものが未提供
2．プロジェクトテンプレート及びアイテムテンプレートへの組み込み

　前者は解説しておきたいところだったのですが、Xamarin.Formsの仕様変更が行われ、現在Prism
から利用しているメソッドが非推奨となっています。近々Prism側でも修正が入ることが予想され
るため、本章での取り扱いは見送らせていただきました。また後者に関しては、NuGetパッケージ
の作成含め、Prismとは本質的に無関係な領域が殆どですので、ここでは割愛させていただきます。
本章が皆さんのPrism for Xamarin.FormsおよびXamarinにおける疑問へのひとつの回答となれた
ら幸いです。

1. 特定のケースで Prism の機能を制限してしまうが、ほとんどのアプリケーションでは問題とならないようなアイディアを指します

2. https://github.com/runceel/reactiveproperty

3. https://github.com/PrismLibrary/Prism

4. http://www.nuits.jp/entry/2016/08/22/173858

5. http://blog.okazuki.jp/entry/2016/12/31/130030

6. http://blog.okazuki.jp/archive/category/Prism

7. https://github.com/nuitsjp/NextGateForPrism

8. https://github.com/nuitsjp/Prism-Extensibility/tree/next-gate

9. 実際には基本ルール以外にも多岐にわたり、また独自に拡張も可能です。詳細は「Prism for Xamarin.Forms 入門　ViewModelLocator」もご覧ください。
http://www.nuits.jp/entry/2016/08/14/151640

10. Prism では元々、XAML 上で ViewModelLocator の AutowireViewModel=true を指定することで ViewModel を自動的にバインドするのが一般的でした。しかし Prism
6.2 以降では ViewModelLocator の明示的な指定が無くても、Page 生成完了後に BindingContext プロパティが null だった場合は、NavigationService により ViewModel
が設定される仕様になっています。

11. http://blog.okazuki.jp/entry/2015/12/05/221154

12. d:DataContext は元々は Microsoft Expression Blend で提供された仕組みです。同名のプロパティに対して実行時とは異なる、デザイナー表示時専用のプロパティを
設定する仕組みです。ViewModel を設定する d:DataContext 以外に d:Width や d:Height などがよく利用されます。

13. https://bugzilla.xamarin.com/show_bug.cgi?id=27295

14. https://github.com/PrismLibrary/Prism-Extensibility

15. https://github.com/nuitsjp/Prism-Extensibility/tree/next-gate

16. ちなみにたとえば Xamarin.Forms と WPF で ViewModel を共有するから、という論調には個人的には懐疑的です。現時点で Prism でも画面遷移なども共通化されて
いませんし、何よりも Phone と Desktop では求められる UI は大幅に異なり、完全に共通化することは困難でしょう。

17. View と ViewModel が同一のアセンブリにあるケースでも対応できるようにします。

18. Issue #674 Remove NavigateAsync＜TViewModel＞ or keep it?　https://github.com/PrismLibrary/Prism/issues/673

19. ViewModel から View を一意に特定できればよいため、同一の ViewModel を異なる View で利用することは問題ありません。そのようなケースは「まれ」だと思いま
すが。

20. https://bugzilla.xamarin.com/show_bug.cgi?id=45978

21. https://github.com/PrismLibrary/Prism/issues/946

第4章 画面遷移カスタマイズから取り組む Xamarin.iOS

iOSは表現に関するサポートが手厚く、特にアニメーションは表現に関わるほとんどのプロパティで有効に作用します。たとえばとあるUIViewを左から右に移動させながらフェードインさせるには、次のように記述します（リスト4.1）。

リスト4.1: 左から右にスライドイン

```
// 適当にUIViewがfooViewとして配置されているものとします
// 透明にしておく
fooView.Alpha = 0f;
CGPoint finalCenter = new CGPoint(fooView.Center.X + 50,
fooView.Center.Y);
UIView.AnimateNotify(
    0.3d,   // デュレーション
    0d,     // 開始までのディレイ
    UIViewAnimationOptions.CurveEaseOut,   // アニメーションカーブ
    () => {
        // 指定したデュレーション後に変更されているべきプロパティとその値を指定
        fooView.Alpha = 1f;
        fooView.Center = finalCenter;
    },
    null    // アニメーション（未）完了時に呼ばれるコールバック
);
```

単にビューをアニメーションさせるだけでなく、画面遷移時のトランジションにも介入できます。しかし介入にあたっては、特にXamarin/ネイティブ問わず、iOS開発の経験が浅い方にとって低くない壁が立ちはだかっているように感じます。具体的な画面遷移のカスタマイズを通してXamarin.iOS特有の機能に触れることで、ネイティブiOS開発の知見をXamarin.iOSで活かす手がかりを見つけてもらいたいというのが本章の目的とするところです。

基本的なVisual StudioやXcodeの操作については紙面の都合上割愛しますので、適宜他の資料で補ってください。またレイアウトの都合上ソースコードや文字列が折り返されている箇所がありますが、コーディングの際はC#の文法にしたがってください。

4.1 準備

環境

本稿は次の環境でXamarin.iOS開発を進めていくこととします。

- macOS Sierra 10.12.5
- Xcode 8.3.3
- Visual Studio for Mac 7.0.1 build 24
- Xamarin.iOS 10.10.0.36
- iOS 10.3 Simulator （iOS 10.3.1）

サンプルアプリケーション

土台となるサンプルアプリケーションを作りましょう。まずはSingle View Appプロジェクトテンプレートを選択して適宜作ります（図4.1）。

図 4.1: New Project

Main.storyboardをXcodeで開いて、`NavigationController`を配置します（図4.2）。

図 4.2: NavigationController を配置

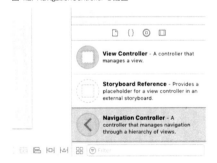

一緒についてくる`RootViewController`は削除し、最初から存在している`ViewController`を`RootViewController`として接続します（図4.3）。

図 4.3: root view controller Segue を接続

忘れずに NavigationController を InitialViewController に指定します（図4.4）。

図 4.4: Is Initial View Controller をオン

ViewController にボタンを適当に2つ配置し、それぞれ IBAction を作って接続します (図4.5)。ここからプッシュ遷移とモーダル遷移を発動させます。

図 4.5: UIButton を配置して IBAction を作る

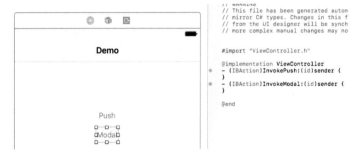

Xcode を閉じて VisualStudio に戻ります。遷移は ViewController 単位で行うので、遷移先の ViewController を適当な場所に作ります。中身は空です（リスト 4.2）。

リスト 4.2: DestinationViewController.cs

```
public class DestinationViewController : UIViewController
{
    private readonly bool _shouldBeModal;

    public DestinationViewController(bool shouldBeModal)
    {
        this._shouldBeModal = shouldBeModal;
    }

    public override void ViewDidLoad()
    {
```

```
        base.ViewDidLoad();

        var rnd = new Random();
        var r = (rnd.Next(255) + 1) / 255f;
        var g = (rnd.Next(255) + 1) / 255f;
        var b = (rnd.Next(255) + 1) / 255f;
        this.View.BackgroundColor = new UIColor(r, g, b, 1f);

        var rv = (int)Math.Round(r * 255);
        var gv = (int)Math.Round(g * 255);
        var bv = (int)Math.Round(b * 255);
        this.NavigationItem.Title = $"#{rv:X2}{gv:X2}{bv:X2}";

        if (this._shouldBeModal)
        {
            var closeButton = new UIBarButtonItem(
                UIBarButtonSystemItem.Stop,
                (_, __) => this.DismissViewController(true, null));
            this.NavigationItem.SetLeftBarButtonItem(closeButton, false);
        }
    }
}
```

プッシュ遷移とモーダル遷移のコードをViewController内に実装します（リスト4.3）。

リスト 4.3: ViewController.cs

```
public partial class ViewController : UIViewController
{
    protected ViewController(IntPtr handle) : base(handle)
    {
        // Note: this .ctor should not contain any initialization logic.
    }

    partial void InvokePush(Foundation.NSObject sender)
    {
        var controller = new DestinationViewController(false);
        this.NavigationController.PushViewController(controller, true);
    }

    partial void InvokeModal(Foundation.NSObject sender)
    {
```

第4章　画面遷移カスタマイズから取り組む Xamarin.iOS

```
        var controller = new DestinationViewController(true);
        var navController = new UINavigationController(controller);
        this.PresentViewController(navController, true, null);
    }
}
```

シミュレータで動かしてみて、ボタンをタップするごとに適当な色のビューに遷移して戻ること
ができることを確認します。

4.2　基礎編:画面遷移のカスタマイズ

画面遷移時のトランジションを制御するにはUIViewControllerに
UIViewControllerTransitioningDelegateプロトコルを適用します。C#にはプロトコルと同
じ振る舞いをする言語機能はない[1]ので、次のどちらかの手段をとることになります。

1. UIViewControllerTransitioningDelegateを継承したクラスを作って
   UIViewController.TransitioningDelegateに設定する
2. IUIViewControllerTransitioningDelegate
   インターフェースをUIViewControllerで継承する

どちらも一長一短があり、前者は継承クラスにUIViewControllerの参照を持たせるなどをしない
とビューの状況に応じたアニメーションを作るときに苦労します。後者は、Visual Studio for Mac
を使用する場合に限り、そのコーディング支援によりほとんどプロトコルと同じ振る舞いをするこ
とができます。ここではXamarinならではのC#コーディングを体感するため、IDEの支援機能を使
いましょう。

DestinationViewControllerでIUIViewControllerTransitioningDelegateを継承しま
す。

リスト 4.4: DestinationViewController.cs

```
public class DestinationViewController :
    UIViewController, IUIViewControllerTransitioningDelegate
{
    // 省略
}
```

override getanimationぐらいまでタイプするとIDEの支援により
UIViewControllerTransitioningDelegateのメソッドシグネチャが現れます。
GetAnimationControllerForDismissedControllerを選択すると次のように展開されます（リ
スト4.5）。

148　│　第4章　画面遷移カスタマイズから取り組むXamarin.iOS

リスト4.5: GetAnimationControllerForDismissedController

```
[Export("animationControllerForDismissedController:")]
public IUIViewControllerAnimatedTransitioning
        GetAnimationControllerForDismissedController(UIViewController
dismissed)
{
    throw new System.NotImplementedException();
}
```

　Export属性を付けることでObjective-C公開名を定義できます。すなわちRespondsToSelector
がこのビューコントローラに対して呼ばれたとき、応答可能であることを示すことができるようになり
ます。メソッド名から分かるように、これはモーダルビューが閉じられるときのアニメーションコント
ローラを返します。アニメーションコントローラはIUIViewControllerAnimatedTransitioning
を継承したクラスです。これもDestinationViewControllerに継承させて実装してもいいので
すが、後述する理由によりデメリットの方が大きいため、別にクラスを作ります。まずは次のよう
に実装しましょう（リスト4.6）。

リスト4.6: FadeAnimator.cs

```
public class FadeAnimator : UIViewControllerAnimatedTransitioning
{
    // トランジションの長さ
    public double Duration { get; set; } = 0.3d;

    public override void AnimateTransition
                        (IUIViewControllerContextTransitioning
transitionContext)
    {
        var fromViewController =
            transitionContext.GetViewControllerForKey
            (UITransitionContext.FromViewControllerKey);
        var toViewController =
            transitionContext.GetViewControllerForKey
            (UITransitionContext.ToViewControllerKey);
        var fromView = fromViewController.View;
        var toView = toViewController.View;

        var containerView = transitionContext.ContainerView;
        containerView.InsertSubviewBelow(toView, fromView);

        // トランジション中に行われるアニメーションブロック（1つにすることを強く推奨）
```

第4章　画面遷移カスタマイズから取り組むXamarin.iOS　｜　149

```
    UIView.AnimateNotify(
        this.TransitionDuration(transitionContext),
        () =>
        {
            fromView.Alpha = 0f
        },
        finished =>
        {
            if (!finished) return;
            // 初期状態に戻す
            fromView.Alpha = 1f;
            toView.Alpha = 1f;

            transitionContext.CompleteTransition
                (!transitionContext.TransitionWasCancelled);
        });
}

public override double TransitionDuration
        (IUIViewControllerContextTransitioning transitionContext)
{
    return this.Duration;
}
}
```

アニメーションブロック内で、fromView（遷移元）とtoView（遷移先）のプロパティを任意に変えることでトランジション中のアニメーションを定義できます。ここでは単に透明度を変化させています。実装したクラスを、DestinationViewControllerで遷移時のアニメーションコントローラとして指定します（リスト4.7）。

リスト4.7: DestinationViewController.cs

```
[Export("animationControllerForPresentedController:
        presentingController:
        sourceController:")]
public IUIViewControllerAnimatedTransitioning
    GetAnimationControllerForPresentedController
    (UIViewController presented,
     UIViewController presenting,
     UIViewController source)
{
    return new FadeAnimator();
```

```
}

[Export("animationControllerForDismissedController:")]
public IUIViewControllerAnimatedTransitioning
      GetAnimationControllerForDismissedController(UIViewController
dismissed)
{
    // 適当にデュレーションを変えてみる
    return new FadeAnimator{ Duration = 0.6d };
}
```

ViewControllerからモーダル遷移する箇所を次のように書き換えます（リスト4.8）。

リスト 4.8: ViewController.cs

```
partial void InvokeModal(Foundation.NSObject sender)
{
    var controller = new DestinationViewController(true);
    // UINavigationControllerを使うときはそちらのTransitioningDelegateに指定
する
    var navController = new UINavigationController(controller)
    {
        TransitioningDelegate = controller
    };
    this.PresentViewController(navController, true, null);
}
```

　これでモーダル遷移時にはフェードイン・フェードアウトするようになります。Durationプロ
パティの値を適当に書き換えて、トランジションの長さを制御できることを確かめてください。な
おプッシュ遷移の場合は次のように
UINavigationControllerDelegate.GetAnimationControllerForOperationを実装します
（リスト4.9）。

リスト 4.9: ViewController.cs

```
public partial class ViewController :
      UIViewController, IUINavigationControllerDelegate
{
    // コンストラクタほか割愛

    public override void ViewDidLoad()
    {
```

第4章　画面遷移カスタマイズから取り組むXamarin.iOS | 151

```
        base.ViewDidLoad();
        this.NavigationController.Delegate = this;
    }


    // override GetAnimation... で IDE が展開する
    [Export("navigationController:
            animationControllerForOperation:
            fromViewController:
            toViewController:")]
    public IUIViewControllerAnimatedTransitioning
        GetAnimationControllerForOperation
        (UINavigationController navigationController,
         UINavigationControllerOperation operation,
         UIViewController fromViewController,
         UIViewController toViewController)
    {
        // operation で Pop 遷移か Push 遷移か判定が可能
        return new FadeAnimator();
    }
}
```

DestinationViewController で IUIViewControllerAnimatedTransitioning を継承せず、別に FadeAnimator クラスを作ったのはこのように UINavigationControllerDelegate でも使い回したかったからです。シミュレータで実行してみると、プッシュ遷移、ポップ遷移にも同じアニメータが適用されていることがわかります。

　本節では各画面遷移に介入し、トランジション効果をカスタマイズする方法を説明しました。アニメータ内で Frame を変更すれば位置を移動できますし、AffineTransform を適用すれば拡大縮小も自由にできます。GitHub などでさまざまなトランジション効果が公開されているので、ここで解説した実装を参考にぜひ移植してみてください。

4.3　応用編:スワイプして消せるモーダル

　モーダル遷移したビューは一般に左上の閉じるボタンから元のビューに戻ることになりますが、最近は画面化の影響を受けてスワイプで引きずって消せるモーダルビューが増えています。本節では次のようなアニメータを実装してみます。

・表示時、閉じるボタンタップ時はフェード効果
・ビュー内で下方向にスワイプすることで引きずり下ろせる
・引きずり下ろしている間、元のビューが黒みからフェードインする

　ユーザー操作に応じてトランジションを制御するには、InteractionController と呼ばれる何かが必要です。ここでは、画面上でスワイプ開始位置からどれぐらい動いたかをパーセンテージに

152　第4章　画面遷移カスタマイズから取り組む Xamarin.iOS

変換してアニメーションを制御します。

　まず、UIKitに用意されているUIPercentDrivenInteractiveTransitionを使います。別クラスにしてもいいのですが、ビューに貼り付けたスワイプジェスチャの参照を持ちたいのでDestinationViewControllerに統合します（リスト4.10）。

リスト4.10: DestinationViewController.cs

```
private UIPercentDrivenInteractiveTransition _interactionController
                        = new UIPercentDrivenInteractiveTransition();

private bool _interactionInProgress;

// override GetInteraction... で展開する
[Export("interactionControllerForDismissal:")]
public IUIViewControllerInteractiveTransitioning
      GetInteractionControllerForDismissal
      (IUIViewControllerAnimatedTransitioning animator)
{
    // スワイプジェスチャが開始されている場合だけコントローラを返せばよい
    return this._interactionIsProgress ? this._interactionController :
null;
}
```

スワイプジェスチャを認識できるようにUIPanGestureRecognizerを設置します（リスト4.11）。

リスト4.11: DestinationViewController.cs

```
public override void ViewDidLoad()
{
    base.ViewDidLoad();
    // 背景色変更を省略

    if (this._shouldBeModal)
    {
        // 閉じるボタン設置を省略
        var panGesture = new UIPanGestureRecognizer(this.HandleGesture);
        this.View.AddGestureRecognizer(panGesture);
    }
}

// 画面内のどれぐらいスワイプしたらトランジションを完了させるかの閾値
private double _dismissThreshold = 0.5d;
```

第4章　画面遷移カスタマイズから取り組むXamarin.iOS　153

```
private bool _shouldCompleteTransiton;

private void HandleGesture(UIPanGestureRecognizer recognizer)
{
}
```

HandleGesture内でどれぐらいスワイプが進行しているのかをInteractionControllerに通知します（リスト4.12）。スワイプが途中で中止された場合は、閾値を超えていた場合はそのままトランジションを完了させ、そうでない場合はキャンセルします。

リスト4.12: HandleGesture メソッドの実装

```
var translation =
recognizer.TranslationInView(recognizer.View.Superview);
var verticalMovement = translation.Y / this.View.Bounds.Height;
var downwardMovement = Math.Max(verticalMovement, 0d);
var fraction = (nfloat)Math.Min(downwardMovement, 1d);

switch (recognizer.State)
{
    case UIGestureRecognizerState.Began:
        this._interactionInProgress = true;
        this.DismissViewController(true, null);
        break;
    case UIGestureRecognizerState.Changed:
        if (this._interactionInProgress)
        {
            this._shouldCompleteTransition = fraction >
this._dismissThreshold;

            // 指で引き下げて100%になってしまうとアニメーション完了ブロックが呼ばれ
ない
            if (fraction >= 1.0)
            {
                fraction = 0.99f;
            }
            // 同様に指で押し上げて0%になってしまうと呼ばれないので対策
            if (fraction < 0.01)
            {
                fraction = 0.01f;
            }
            this._interactionController.UpdateInteractiveTransition
```

```
(fraction);
        }
        break;
    case UIGestureRecognizerState.Ended:
    case UIGestureRecognizerState.Cancelled:
        if (this._interactionInProgress)
        {
            this._interactionInProgress = false;
            if (!this._shouldCompleteTransition
                || recognizer.State ==
UIGestureRecognizerState.Cancelled)
            {

this._interactionController.CancelInteractiveTransition();
            }
            else
            {

this._interactionController.FinishInteractiveTransition();
            }
        }
        break;
}
```

　ここで実行してモーダル遷移させたあと下にスワイプすると、スワイプした移動量に応じてビューがフェードしていきます。FadeAnimatorに手を加えて、スワイプ時だけ異なるアニメーションを実行しましょう。IUIViewControllerContextTransitioning.IsInteractiveで判定することができます。

リスト4.13: FadeAnimator.cs

```
public override void AnimateTransition
    (IUIViewControllerContextTransitioning transitionContext)
{
    // ViewController取り出すくだりは省略
    var containerView = transitionContext.ContainerView;
    containerView.InsertSubviewBelow(toView, fromView);

    if (transitionContext.IsInteractive)
    {
        this.FrameAnimation(transitionContext, toView, fromView);
    }
```

第4章　画面遷移カスタマイズから取り組むXamarin.iOS　155

```csharp
    else
    {
        this.AlphaAnimation(transitionContext, toView, fromView);
    }
}

private void AlphaAnimation(
    IUIViewControllerContextTransitioning transitionContext,
    UIView toView,
    UIView fromView)
{
    // 前節のフェードアニメーションと同一
    UIView.AnimateNotify(
        this.TransitionDuration(transitionContext),
        () => fromView.Alpha = 0f,
        FinishBlock);

    // C#っぽさを演出するローカル関数
    void FinishBlock(bool finished)
    {
        if (!finished) return;
        // 初期状態に戻す
        fromView.Alpha = 1f;
        toView.Alpha = 1f;

        transitionContext.CompleteTransition
            (!transitionContext.TransitionWasCancelled);
    }
}

private void FrameAnimation(
    IUIViewControllerContextTransitioning transitionContext,
    UIView toView,
    UIView fromView)
{
    // 最終位置を計算する、ここでは必ずスクリーンの下方向に移動させる
    var screenBounds = UIScreen.MainScreen.Bounds;
    var bottomLeft = new CGPoint(0, screenBounds.Height);
    var finalFrame = new CGRect(bottomLeft, fromView.Frame.Size);

    // 背後のビューを隠すための黒いビュー
```

```csharp
    var dimmingView = new UIView
    {
        Frame = screenBounds,
        Alpha = 1,
        BackgroundColor = UIColor.Black
    };

    // 黒ビューを挿入
    transitionContext.ContainerView.InsertSubviewAbove(dimmingView,
toView);
    UIView.AnimateKeyframes(
        this.TransitionDuration(transitionContext),
        0d,
        UIViewKeyframeAnimationOptions.CalculationModeLinear,
        () =>
        {
            // キーフレームを使って違うデュレーションのアニメーションを組み合わせる
            // 時間は duration に対する相対時間で指定
            // 黒ビューは半分の時間で透明になる
            UIView.AddKeyframeWithRelativeStartTime
                (0, 0.5, () => dimmingView.Alpha = 0);
            // 移動アニメーションはデュレーションいっぱい使って行う
            UIView.AddKeyframeWithRelativeStartTime
                (0, 1, () => fromView.Frame = finalFrame);
        },
        FinishBlock);

    void FinishBlock(bool finished)
    {
        if (!finished) return;
        // 後片付け
        if (transitionContext.TransitionWasCancelled)
        {
            dimmingView.BackgroundColor = UIColor.Black;
            fromView.Frame = new CGRect(CGPoint.Empty,
fromView.Frame.Size);
        }
        else
        {
            dimmingView.RemoveFromSuperview();
            fromView.RemoveFromSuperview();
```

```
        }

        // 完了通知
        transitionContext.CompleteTransition
            (!transitionContext.TransitionWasCancelled);
    }
}
```

実行して動作を確認してみてください。本節の最初に挙げた目標どおりの動きになっています（シミュレータでは特に復帰時アニメーションが正しく動作しないことがありますが）。

図 4.6: 下方向スワイプで DismissViewController

UIPercentDrivenInteractiveTransitionを使ってスワイプ移動量を通知することでアニメーションを制御しました。また、デュレーションの異なるアニメーションを組み合わせる方法としてキーフレームアニメーションの実装例を示しました。今回は下にスワイプするパターンだけでしたが、上下両方向に対応したり全方向に対応することもできます。このサンプルを起点にぜひチャレンジしてみてください。

4.4 黒魔術編:画面内のどこからでもスワイプしてポップ

PushViewControllerで呼ばれたViewControllerには自動的にUIEdgeSwipeGestureRecognizerが設置され、画面左端からのスワイプジェスチャで前のビューに戻ることができます（図4.7）。

iPhoneの画面サイズが巨大になってきた今日この頃、エッジスワイプはなかなか面倒なジェス

図 4.7: エッジスワイプのアニメーション途中

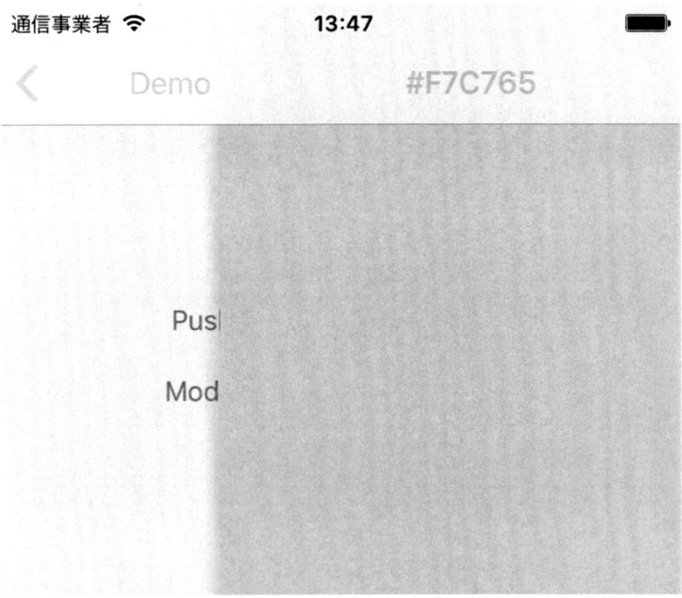

チャです。指が届きませんし。画面のどこからでも右にスワイプすれば戻れるようにしたくなるの
は自然な欲求です（SloppySwipeと呼ばれたりするようです）。しかし応用編で説明したように、イ
ンタラクティブな画面遷移を行うには自分でアニメーションを作らなくてはなりません。図4.7を見
ると、かなり複雑なアニメーションが組まれていることが分かります。特にナビゲーションバー周り
のアニメーションは難易度が高そうです。そのためかどうか、著名なライブラリ SloppySwiper[2] で
も、Twitterなどのアプリでもナビゲーションバー周りはクロスディゾルブになっています。

　本節は黒魔術編なので、完全に同一のアニメーションにするため、エッジスワイプジェスチャ時に
呼ばれているアニメーションブロックを自前のパンジェスチャに接続してしまいましょう。Apple
のドキュメントに記載のない内部クラスを使うため、当然ながら将来のバージョンで使えなくなっ
たり審査でリジェクトされたりするリスクはあります。

　ターゲットとセレクタさえ特定できればメッセージを投げることで誰でも何でも呼び出せるのが
Cocoa APIのいいところです。ということで、ターゲットはUINavigationControllerが内部で保持
している
_cachedInteractionControllerで、セレクタにhandleNavigationTransition:を指定しま
す。

リスト 4.14: ターゲットとセレクタの指定

```
// this は UIViewController
var target = this.NavigationController
                .ValueForKey((NSString)"_cachedInteractionController");
var selector = new ObjCRuntime.Selector("handleNavigationTransition:");
```

```
// 呼び出せる確信がない場合は必ずチェックする
if (target == null || !target.RespondsToSelector(selector))
{
    // ターゲットが特定できない、またはターゲットがセレクタに応答しない
    return;
}
```

ターゲットとセレクタの組み合わせが呼び出せることを確認（RespondsToSelector）できたら、これをパンジェスチャから呼び出すだけです。次のように記述します（リスト4.15）。

リスト4.15: DestinationViewController.cs

```
public override void ViewDidLoad()
{
    base.ViewDidLoad();
    // 背景色変更を省略

    if (this._shouldBeModal)
    {
        // 閉じるボタン設置を省略
    }
    else
    {
        // target, selector をここで準備しておく（先述）
        var panGesture = new UIPanGestureRecognizer(target, selector);
        this.View.AddGestureRecognizer(panGesture);
    }
}
```

画面内のどこからでも右へスワイプすると戻れるようになったはずです。

4.5 まとめ

画面遷移エフェクトのカスタマイズを通して、iOSネイティブ開発=Objective-Cにおけるデリゲート/プロトコルの概念を、XamarinがどのようにC#へ導入しているかを解説してきました。画面遷移周りだけでなく、UITableViewDataSourceなどもプロトコルなので同じようにUIViewControllerへ統合することが可能です。IDEの支援が前提であり、またXamarin.iOS/Mac以外ではお目にかからない文法で実現しているため取っつきづらいですが、使いどころを見極めれば強力な武器たり得ます。ターゲット/セレクタ指定とあわせてぜひ使ってみてください。

160　　第4章　画面遷移カスタマイズから取り組むXamarin.iOS

1. プロトコルの名のとおり、応答可能なセレクタ≒メソッドを規定する。応答が期待されるセレクタであり、実装しない選択ができる（RespondsToSelectorで応答可否はチェックされる）。

2.https://github.com/fastred/SloppySwiper

第4章　画面遷移カスタマイズから取り組むXamarin.iOS　　161

第5章　Xamarin Bluetooth Low Energy インストール編

5.1　なぜ Xamarin で BLE を実装するのか

　BLE（Bluetooth Low Energy）を使ったデバイスが最近増えてきましたが、デバイスを作ったり使ったりする際にアプリケーションプラットフォームとして何を選ぶのかというのがよく問題になります。

　デモ用のアプリケーションであればエンジニアの得意なプラットフォームを利用すればいいのですが、いざ実際にサービスを提供したり、インテグレーションする段になると必ずと言っていいほどiOSとandroidの両対応を行っていくことになります。

　そして実装の中で、各言語でプラットフォームでBLEのライブラリを作っても、作る人が違うとライブラリの仕様に違いがでることがあり問題になります。そこで、Xamarinを使うことでひとつの実装を複数のプラットフォームで利用できるようにしていきましょう。

　今回はBLEの概略とインストール、開発の上でよく利用するメソッドの説明を行います。

5.2　BLE の 概略

　BLEには大きく分けて次の4つの構成要素があり、これを使ってデバイスの検出や通信を行います。

・アドバタイズパケット
・GATT
・Service
・キャラクタリスティック

　BLEの各要素は次の図のような構造になっています。詳細については以降の各項目で説明していきます。

アドバタイズパケット

　デバイスの検出をするためのパケットです。デバイス側が定期的に出しているものとScanRequestに対して返すものがありますが、基本的には同じものです。

　なお、アドバタイズパケットを利用してConnectionをせずに通信をするための規格としてiBeaconやEddyStone があります。

　アドバタイズパケットを利用する通信方法はBLEのGATT通信と違い、同時に大量のクライアントに向けてデータ通信を行うことができるというメリットがあります。逆に、アドバタイズパケットを利用した通信では双方向通信ができません。

図5.1: アドバタイズパケットとGATT

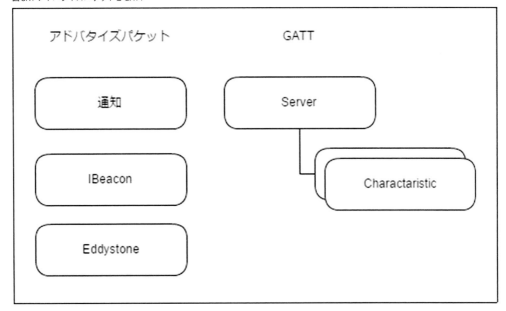

GATT

BLEで双方向通信をするのであればGATTを利用します。セントラルのコードを実装するうえでGATTを強く意識することはほとんどないと思います。GATTは複数のサービス、キャラクタリスティックで構成されています。

Service

キャラクタリスティックの集合を論理的にまとめる単位です。ServiceにはGUIDが付けれらておりこれを利用してサービスを識別します。オブジェクト指向でいうところのクラスにあたるものでサービス自身は実際の通信を行うわけではありません。Serviceに紐づけられたキャラクタリスティックを使って実際の通信を行います。

ServiceのTypeとしてはPrimaryとSecondry、Includeの三種類があります。これらはそれぞれ意味がありますがデバイス側の実装を行わないのであればあまり気にする必要はありません。

それとは別にGATT Serviceと呼ばれる標準化された機能を実装したサービスがあります。よく目にするのはGeneric AccessとGeneric Attributeです。Generic AccessはDevice Nameなどどんなデバイスでもよく使うであろうデータをやり取りするようになっています。Generic AttributeはService Changedのみが定義されています。

IoT機器として圧倒的に多いのは、規格にのっとって実装されたものではなくCustom Serviceとして独自実装されたものです。これらは本来、対応するGATT Serviceを適切に選んで実装すべきケースもありますが、手軽さからかCustom Serviceとして実装しているものが多くを占めています。IoT機器が増えてくると、すべてがCustom Serviceのものよりは必要な情報はそれに適したGATT Serviceを使ったもののほうが、実装を変更しなくて済むので便利です。たとえば電池残量

をCustom Serviceで渡すデバイスなどは、Battery Serviceとして実装してあれば0-100%で取れる仕様になり、同一のBattery Serviceの実装が使いまわせるため手間が減ります。

キャラクタリスティック

実際に通信をやり取りするのがキャラクタリスティックです。

キャラクタリスティックの通信の方法はPropertyというフィールドで判定します。いくつか種類がありますが多く使われるのはRead、Write、Notifyです。

5.3　Xamarin BLE Plug のインストールとサンプルコード

Bluetooth LE Plugin

マルチプラットフォームなBLEのXamarin用ライブラリが、Xamarin BLE Plugです。各プラットフォームのBLEのAPIをラップして、共通のAPIを提供しています。

2017年3月時点ではandroidとiOSのみに対応しており、UWPはComming Soonになっています。

インストール

インストールはNuGetからインストールします。

パッケージマネージャーコンソールから、各プラットフォーム向けのプロジェクトそれぞれにインストールが必要になります。ひとつにインストールしただけでは、他のプラットフォームでエラーになります。

図5.2: Plugのインストール

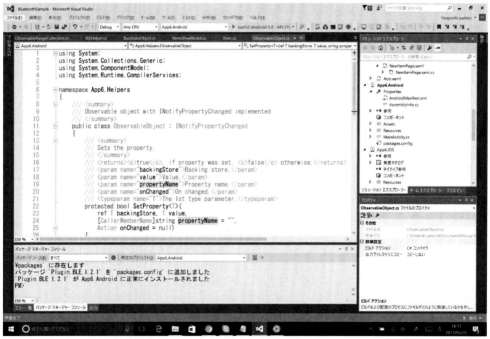

表5.1: GATT Service リスト

SpecificationName	AssignedNumber
Alert Notification Service	0x1811
Automation IO	0x1815
Battery Service	0x180F
Blood Pressure	0x1810
Body Composition	0x181B
Bond Management	0x181E
Continuous Glucose Monitoring	0x181F
Current Time Service	0x1805
Cycling Power	0x1818
Cycling Speed and Cadence	0x1816
Device Information	0x180A
Environmental Sensing	0x181A
Fitness Machine	0x1826
Generic Access	0x1800
Generic Attribute	0x1801
Glucose	0x1808
Health Thermometer	0x1809
Heart Rate	0x180D
HTTP Proxy	0x1823
Human Interface Device	0x1812
Immediate Alert	0x1802
Indoor Positioning	0x1821
Internet Protocol Support	0x1820
Link Loss	0x1803
Location and Navigation	0x1819
Next DST Change Service	0x1807
Object Transfer	0x1825
Phone Alert Status Service	0x180E
Pulse Oximeter	0x1822
Reference Time Update Service	0x1806
Running Speed and Cadence	0x1814
Scan Parameters	0x1813
Transport Discovery	0x1824
Tx Power	0x1804
User Data	0x181C
Weight Scale	0x181D

第5章　Xamarin Bluetooth Low Energy インストール編

表 5.2: characteristic のプロパティリスト

Property	値	内容
Broadcast	0x01	characteristic value のデータが advertising パケットで送信される
Read	0x02	クライアントからの読み込み可能
Write Without Response	0x04	クライアントからの書き込み可能。（サーバーからのレスポンスなし）
Write	0x08	クライアントからの書き込み可能。書き込みリクエストに対して、サーバーからのレスポンスが有る。
Notify	0x10	サーバーがクライアントに characteristic の変更を通知できる
Indicate	0x20	サーバーがクライアントに characteristic の変更を通知できる。Notify との違いは、Indicate はクライアントからの応答も要求することである。
Signed Write Command	0x40	クライアントからの署名付き書き込み可能。
Extended Properties	0x80	descriptor の Characteristic Extended Properties を使用できる。

　android はパーミッションの追加が必要になります。android の Manifest File は Android のプロジェクト内にありますので、これに必要なパーミッションを追記します。

図 5.3: パーミッションの追加

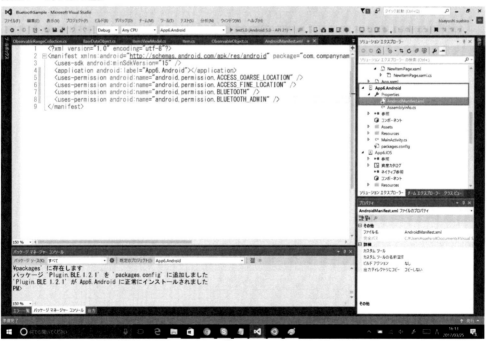

　これでインストールは終了です。

デバイスの検出

デバイスの検出APIを呼び出すと、スキャンをしてdeviceListにデバイスを追加します。

リスト5.1: Scan()

```
var adapter = CrossBluetoothLE.Current.Adapter;
adapter.DeviceDiscovered += (s,a) => deviceList.Add(a.Device);
await adapter.StartScanningForDevicesAsync();
```

サービスの検出

接続したいデバイスを引数にしてConnectToDeviceAsyncを呼び出すと、デバイスに対して接続されます。

この状態でconnectedDevice.GetServicesAsyncを呼び出すことで、Deviceに定義されているすべてのGATTサービスを取得することができます。

リスト5.2: Connect()

```
try
{
    await _adapter.ConnectToDeviceAsync(device);
    var services = await connectedDevice.GetServicesAsync();


}
catch(DeviceConnectionException e)
{
    // ... could not connect to device
}
```

また、デバイスの持っているサービスのGUIDがわかっている場合は、次のように特定のサービスを取得することも可能です。

リスト5.3: ConnectFromGUID()

```
try
{
    await _adapter.ConnectToDeviceAsync(device);
    var service = await connectedDevice
        .GetServiceAsync
(Guid.Parse("ffe0ecd2-3d16-4f8d-90de-e89e7fc396a5"));
}
catch(DeviceConnectionException e)
```

第5章　Xamarin Bluetooth Low Energy インストール編　167

```
{
    // ... could not connect to device
}
```

キャラクタリスティックとの通信

サービスとの接続ができたら、キャラクタリスティックを取り出して通信が行えます。次のコードで一覧で取得することが可能です。

リスト 5.4: GetCharacteristics()

```
var characteristics = await service.GetCharacteristicsAsync();
```

とはいえ、たいていの場合はGUIDがわかっているはずですし、ほとんどの場合はサービスでクラスにしてしまうでしょう。

動的にプロパティから接続方法を調べても構わないのですが、この記事ではあえてひとつかふたつのキャラクタリスティックのGUIDとプロパティ、キャラクタリスティックに読み書きしたい場合にあわせて典型的なサンプルを示します。

読み込みは次のようになります。

リスト 5.5: Read()

```
var characteristic = await service
    .GetCharacteristicAsync
(Guid.Parse("d8de624e-140f-4a22-8594-e2216b84a5f2"));
var bytes = await characteristic.ReadAsync();
```

そして書き込み

リスト 5.6: Write()

```
var characteristic = await service
    .GetCharacteristicAsync
(Guid.Parse("d8de624e-140f-4a22-8594-e2216b84a5f2"));
await characteristic.WriteAsync(bytes);
```

最後にNotifyです。

リスト 5.7: Notify()

```
var characteristic = await service
    .GetCharacteristicAsync
```

```
(Guid.Parse("d8de624e-140f-4a22-8594-e2216b84a5f2"));
characteristic.ValueUpdated += (o, args) =>
{
    var bytes = args.Characteristic.Value;
};
await characteristic.StartUpdatesAsync();
```

5.4　終わりに

　インストール編ということで、BLEの概略とインストール、通信するためのサンプルコードについて説明しました。再利用性を考えると、サービスごとにクラスのインスタンスを生成するような形にし、デバイスが違ってもサービスのGUIDが同一であれば利用できるような実装にしておくほうがよいでしょう。今後機会があれば再利用性の高い形で実装し、さらにXamarin.Formsと組み合わせることによって複数のプラットフォーム上でひとつのソースからBLE通信できるか試していこうと思います。

第6章　開発者のためのXamarin関連リポジトリ集

　筆者は.NET Fringe Japan 2016（開催日：2016年10月1日）というイベントでXamarin Source Quest[1]というセッションを行い、そこで公開されているXamarin関連のリポジトリについていくつか紹介しました。セッションの内容が主にリポジトリのビルドについてのものだったこともあって、紹介したgithubリポジトリは少々限られたものでした。

　その後「いずれ文章としてまとめておかないと…」と思いつつも未着手だったのですが、さすがにイベントからもかなりの時間が経過しようとしており、そろそろ着手しておかないといけないなという気持ちになりました。そういうわけで、本章ではXamarinおよびMonoのリポジトリについてまとめます。

　本章では、さまざまなリポジトリを紹介します。主要な目的は、各リポジトリの存在意義を説明することにあります。そのため、目的があまりにも明白であるものについて、説明を掘り下げることはしません。ここで紹介する各リポジトリについて、基本からすべて説明するだけの紙面の余裕はありません。

　各節の小見出しが、githubのリポジトリ名に対応しています。本章はリファレンス的な資料として扱い、読者のみなさんの普段のXamarinの利用目的と無関係なものは読み物として眺めるのがよいでしょう。

　この種のリポジトリは時間とともにいろいろ増えたり減ったりしていくものなので、あくまで本章執筆時点（2017年3月）でのスナップショット程度に思って見ておいたほうがよいでしょう。

6.1　Monoのコア コンポーネント

mono/mono

　改めていうまでもありませんが、MonoはXamarin製品のほぼすべてにおいて使用されている.NET互換ランタイムおよび開発環境です。具体的には、Monoランタイム（仮想マシン）、C#コンパイラ、.NETのフレームワーク・クラス・ライブラリ（主としてSystem.で始まる名前空間の型を含むアセンブリ）が含まれます。これが無いと何も始まりません。XamarinはMonoのエコシステムの一部であり、すべてのXamarin製品がMonoの影響を受けています[2]。

　Xamarin製品のリリース毎にバージョンが異なり、それぞれの製品では所定のブランチを使用していますが、それらは mono-X.Y.0-branch という名前になっています。

　MonoについてはインサイドXamarinという連載記事[3]の中で詳細に論じておきましたので、詳しく知りたい方はそちらを参照してください（以降、他のXamarin関連部分についても同連載で記載しているものが頻出しますが、本章で繰り返し言及することはしません）。

mono/referencesource

　Microsoft/referencesource の fork です。referencesource は、.NET Framework のクラスライブラリ（の一部）のソースコードです。Mono で取り込めるようにと、主にサーバーサイドの技術に関して公開されたもので、WPF などクライアントサイドのものは（2017年5月時点では）含まれていません。また、.NET Framework は Windows 専用であり、そのソースコードはクロスプラットフォームになっていないため、そのままでは Mono に取り込めないコードが大量に存在しています。

　Mono へのソースコードの取り込みについてもうひとつ留意すべき点は、クラスライブラリ、特に mscorlib.dll は、ランタイム（.NET なら CLR、Mono なら libmono）に緊密に結びついているものが多く、それらについては、referencesource のコードをそのまま Mono に持ち込むことは出来ない、ということです。

　以上のような事情から、referencesource からのソースコードの取り込みは限定的で、段階的に行われています。

　mono 4.4.x までの .NET 互換クラスライブラリのソースは、多くがここから参照されています[4]。ちなみに、mono 4.6.x 以降は、referencesource を利用していないわけではなくて、mono のソースツリーに直接取り込まれています[5]。

mono/corefx

　Microsoft/corefx の fork です。corefx は .NET Core のクラスライブラリのリポジトリです。現時点で mono master のみ（将来的に mono-4.10.x になるのでしょう）が参照しています[6]。クラスライブラリの一部、たとえば LINQ（System.Core.dll）の実装は、ここから最新のコードを取得して利用しています。

　Mono は基本的に .NET Framework の（デスクトップの）プロファイルを実装するものであり、.NET Core とはターゲットが異なるのですが、クロスプラットフォームを意識した corefx から再利用したほうが価値が高いものもいろいろとあるため、積極的に取り込んでいます。また、referencesource はあくまで既存の（Wndows 専用の）.NET Framework のソースであり、基本的に .NETFramework のリリースが無いと更新されないものですが、corefx は日々更新されています。

　fork になっているのは、corefx の DLL 構成ではなく（フルの）.NET Framework 互換環境たる Mono の mscorlib.dll をビルドするために、必要な変更が加えられているためです。

　本章は関連リポジトリを「全部」列挙するものではないので、ここでついでに言及するにとどめますが、最新の master では .NET Core の corert の fork も参照しているようです。fork している理由も同様です。

mono/msbuild

　Microsoft/msbuild の fork です。Microsoft/msbuild の現在のデフォルトブランチは master ではなく xplat ですが、mono の fork にはさらに各リリースサイクルに対応した xplat-c9 ブランチがあるようです[7]。ただし、現状では mono のソースツリーで参照されることはなく、mono のビルド中にビルドされることもありません。ビルド用のスクリプトとしては cibuild.sh が、Unix 互換環境での

第6章　開発者のための Xamarin 関連リポジトリ集　171

make installに相当するスクリプトはinstall-mono-prefix.shがあります。

　ひとつ注意すべきは、このOSS版msbuildは.NET Coreで使われることも目的のひとつになっているということです。実のところ、デフォルトのビルドは.NET Core用となっています。monoデスクトップ環境用にビルドするには、オプション`--target mono --host mono`を指定しなければなりません（2017年8月時点）。

　monoのMSBuild互換ツールはxbuildと呼ばれており、その実装は（残念ながら）.NET 3.5までの基盤をもとにしており、.NET 4.0のMicrosoft.Build.dllベースの実装ではありません。ただし、.NET 4.0以降の機能は部分的に合成獣のように追加しています。

　MSBuildの実装は、.NET Framework 4.0まではフレームワークに含まれており、それ以降はVisual Studioのリリースに合わせて新しいプロファイルが定義されてきました。それに合わせて、monoでもプロファイルとしてxbuild12とかxbuild14といったプロファイルが$PREFIX/lib/mono/xbuild/以下（ビルドツリーならmcs/class/lib/xbuild_X）に生成されています。

　Mac版のインストーラーでインストールしたMonoには、msbuildスクリプトがセットアップされています。MonoDevelopやVisual Studio for Macでも、IDE設定の中にmsbuildを（xbuildの代わりに）使用するオプションが追加されています。

mono/roslyn-binaries

　roslynのビルド済みバイナリを格納しているリポジトリです。monoをビルドする時に、いちいちroslynをビルドしていたら、ビルドリソースを（時間もディスクスペースも）大きく食われることになるので、バイナリチェックインで回避しています。

　Xamarinでは、バイナリチェックインを別のリポジトリで行い、それをgit submoduleなどで参照することが多いです（gitに巨大なバイナリが頻繁に更新されるかたちでチェックインされると、そのリポジトリの全体的なサイズがひどく大きくなるので、それを回避しています）。

　mono master（おそらくmono-4.10.xブランチになる）をビルドすると、mcsの他にcscもビルドされてインストールされることになります。mcsは従来の十分に最適化されたコンパイラで、cscはRoslynベースの遅いコンパイラです。cscではデバッグシンボルがPortable PDB (ppdb、拡張子はpdb）になります。

mono/cecil

　CILバイトコードを読み書きするライブラリです。mono organizationのリポジトリは実のところ大して変更のないforkですが、製品で使われているのはこちら側なので言及しておきます。.NET Frameworkの世界でも幅広く使用されており、おそらく間接的にもCecilの世話になったことがないというC#開発者はいないのではないでしょうか。

　System.Reflection.EmitのAPIでは出来なかった、実行環境非依存のアセンブリの読み書きが可能です。ただし、Reflection APIとは異なり、型の継承関係やオーバーライドの解決など、セマンティック分析を自動的に行ってくれるものではないので、適切な使い分けが利用者には求められるでしょう。

172　第6章　開発者のためのXamarin関連リポジトリ集

mono/linker

Linkerは、もともとはCecil Linkerというcecilの派生プロジェクトで、その後Mono Linkerとなってmono本体の一部となり、Xamarin.iOSやXamarin.Android、さらにはそれ以前にSilverlightのLinux向けクローンであるMoonlightの開発において使用されていたものです。

一般に、リンカーというのは、あるプログラムに必要な部品だけを収集して結合（リンク）するものです。このMono Linkerによって処理されたアセンブリは、一般的には元のサイズよりだいぶ小さくなります。

このリポジトリは2016年11月にはじめて作られたもので、monoから独立してMono以外のエコシステムからでも利用可能になるように分離されたものです。Microsoft本体が（という表現が適切なのかはわかりませんが）、今後このLinkerを使用することになるのではないかと想定されています。

fsharp/fsharp

Xamarin製品にバンドルされるF#はここからビルドされます[8]。また、F#サポートはここでビルドされるF#を基礎としてビルドされます。forkはありません（現在、そこまでF#をいじるハッカーはXamarinにはいないでしょう）。コンパイラはそのまま使用され、FSharp.Core.dllはXamarin.Androidなどのライブラリとしてランタイムに含まれます。

F#は初期リリース当時からオープンソースで開発されており、必然的にMonoコミュニティと親和的に発展してきた言語です。IronPythonもそうでしたが、新バージョンがリリースされると、直ちにMonoチームがmono上で動かしてみて、バグを修正したり足りない機能を追加していったりしていました。

Xamarin製品におけるF#サポートは、C#の次に優遇されている言語ではあるものの、C#に依存している機能も少なからず存在するために、不完全なサポートとなっている、というのが現状です。Androidリソースの生成はF#と辻褄が合わない部分もあり（たとえばF#ではCLIにおける定数がサポートされていない）、またXamarin.FormsのXAML（特にxamlcなど）やXamarin.AndroidのJavaバインディングプロジェクト、Xamarin.iOSのObjective-Sharpieなど、根本的にC#を前提としているものは、カバーされません。一般的に、ビジネスロジックまでをF#で実装し、UIはC#で実装することになるでしょう。

mono/mono-tools

このリポジトリには、やや古いmono関連ツールのソースが含まれています。

多くのツールがMonoDocと呼ばれるAPIドキュメントのフォーマットに関するツールです。Monoでは伝統的にこのMonoDocフォーマットと、それに基づくドキュメントブラウザが長い間使われており、現在でもXamarin.Androidにはjavadoc-to-mdocという、AndroidのAPIリファレンスやJavaDocを解析して、このMonoDocベースのAPIドキュメントやC#の/doc形式のXMLを生成するツールが含まれています。

第6章　開発者のためのXamarin関連リポジトリ集　173

mono/api-doc-tools

　本章執筆中に新しく作成された、MonoDoc（前述）まわりのコードを再整備して集めているリポジトリです。昨今（2016年〜2017年頃）には、いくつかのソースコードリポジトリやソースツリーが再編されて、Xamarin製品だけでなく.NET Coreサポートを追加した独立ライブラリになったり、Microsoft製品（主にVisual Studio関連）で利用するようになってきているものがあります。ドキュメンテーションツールまわりのツールは、Microsoftのリポジトリでも公開されているものが多くないので[9]、このリポジトリも独立して使われるのかもしれません。

6.2　GUIフレームワーク

mono/gtk-sharp

　Xamarin製品のうち、デスクトップGUIが存在するものについては、概ねこのGtk#が使用されています。monoは元々GNOME Desktopのための強力なアプリケーション開発環境として立ち上げられたプロジェクトであり、Gtk+のバインディングはMonoの立ち上げ当初から計画され実装されていたものです。MonoDevelopがその利用例の最たるものですが、他にもBansheeやF-SpotなどさまざまなGNOMEデスクトップアプリケーションで使用されていました。

　Gtk+がWindowsやMacOSX (Cocoa)にもサポートを広げるのに伴って、Gtk#もクロスプラットフォーム化したかたちで、MonoDevelopのWindows版やMac版もそれで実現しています。

　Gtk#、とひとことで書いていますが、DLLはそれぞれのライブラリに合わせて存在しており、glib-sharp、pango-sharp、atk-sharp、gtk-sharp、…といった構成になっています。また、Gtk#は各種GNOMEライブラリのバインディングを自動生成する仕組みを持ちあわせており（gtk#自体が自動生成されています）、これに基づいてさまざまなライブラリがビルドされています。

　Gtk#の現在の問題は、特にXamarinにおける使い方の問題ではありますが、Gtk+ 2.xに基づく`gtk-sharp-2-12-branch`のバインディングが主に使われており、gtk-sharp masterが前提としているGtk+ 3.xのバインディングがなかなか使用されないことです（APIの互換性がありません）。上記のライブラリ構成が、Gtk#2とGtk#3で互換性がないこともあり、またMonoの開発がXamarin中心になってから、Linuxデスクトップの扱いがおざなりになっていることもあり、あまり進化していないというのが現状です。

mono/gnome-sharp

　Gtk#が今やクロスプラットフォームとなったGUIツールキット群のバインディングであるのに対し、このGnome#は、（主に）Linux環境で動作するGNOMEデスクトップを構成するライブラリに対するバインディングです。libart, libgnome, gnome-vfs, gconfなどのバインディングが含まれています。

　GNOMEライブラリの構成は、バージョンアップするごとに頻繁に変更されることもあって、過去のバージョンと現在のバージョンでは、依存関係が大きく異なることも多々あります。gnome-sharpも、gtk-sharpと同様、GNOMEも3系列と2系列で大きく構成が異なっており、GNOME2系列のデ

174　　第6章　開発者のためのXamarin関連リポジトリ集

スクトップ向けには、gnome-sharp-2-20-branchが使われます。

mono/xwt

XwtはMonoのエコシステムから生まれたクロスプラットフォームのGUIツールキットで、立ち位置としてはWxWidgetsに近い「ネイティブGUIツールキットの最大公約数」を実現するものです。主に、WindowsではWPF、Macでは（後述する）Xamarin.Mac、その他のUnix互換環境ではGtk#を使用します。MonoDevelopやXamarin Studio（あるいはVisual Studio for Mac）でも、内部的に利用されています。

Gtk#は今やそれ自体がクロスプラットフォームなので、実のところWindowsやMacでも使えるのですが、xwtは機能的な制約が強いものの、APIが洗練されており、Gtk+の生のバインディングに近いGtk#よりは使いやすいでしょう。

デスクトップにおけるXamarin.Formsのような存在であるともいえますが、Xamarin.Forms自体も、WinRTやUWPを皮切りに、Xamarin.MacやWPFへと実装を進めてきており、Xamarin.Formsが将来的にはGtk#も含めて発展していく計画も公表されています。

6.3 MonoDevelop

mono/monodevelop

MonoDevelop IDE本体のリポジトリです。Xamarin Studioはこの上にプロプラエタリのアドインが載ったものです。MonoDevelop本体のさまざまな機能が、アドインとして実装されています。

IDE本体には、アドイン機構のサポート、コーディングをサポートするテキストエディタ、プロジェクトモデル、基本的なビルドシステムのモデル（MSBuild、非MSBuildの両方）、実行・デバッグの抽象モデルなどのコア部分と、C#のサポート、GUIデザイナー（主にGTK#用）のサポート、.NET CoreやASP.NETなど具体的なアドイン部分（のうちmonodevelopにバンドルされるもの）が含まれます。

MonoDevelopのアドイン機構に基づくサードパーティのアドインも、このリポジトリ以外の場所で多数存在しています。

fsharpbindingなどはfsharpに依存するため、別リポジトリfsharp/fsharpbindingで開発されていたのですが、最新のmasterでは取り込まれています。

mono/mono-addins

MonoDevelopのアドイン機構を支える、汎用的なアドイン フレームワークです。

現在の.NET FrameworkにはいわゆるMEF（Managed Extensibility Framework、System.ComponentModel.Composition名前空間に含まれるAPI）が存在します。Mono.AddinsはMEFのような100%コード志向ではなく、XMLによる拡張定義の仕組に基づいており、またMonoDevelopで使われているようなパッケージングやアップデート機構なども備えています。

ちなみに、.NET FrameworkにはSystem.Addins（いわゆるMAF、Managed Addin Framework）というAPIも存在します。しかしその目的はMEFとはだいぶ異なるものであり[10]、Mono.Addinsは

第6章　開発者のためのXamarin関連リポジトリ集 | 175

MEFに近い存在です。

mono/debugger-libs

マネージドコードで書かれたデバッガー クライアント ライブラリで、主としてmonoランタイムに含まれるsoft debuggerと接続します。MonoDevelopでは、このライブラリのAPIを使用して、自身のデバッガーGUIと、実際にデバッグ処理を実行する（リモートかもしれない）monoランタイムの間を繋いでいます。

ちなみに、soft debuggerと接続するMono.Debugger.Soft.dllは、mono本体にも含まれています。インストールされているmonoのバージョンに依存しないために、独自にコピーを持っているのでしょう。

また、RoslynではPortable PDB（PPDB）という、新しいクロスプラットフォームのPDBフォーマットへの切り替えが行われており、mono 5.0以降はRoslyn由来のcscが組み込まれ、cscが使われた場合は.mdbファイルの代わりに.pdbファイルが生成されるようになります。デバッグシンボルの読み書きはMono.Cecilで実装されていますが、PPDBに関しては、本章執筆時点ではすでにCecilで実装されており、debugger-libsで現在進行形で実装されつつあります。

6.4 モバイル プラットフォームSDK

xamarin/xamarin-macios

Xamarin.iOSとXamarin.Macの、共通のソースリポジトリです。Xamarin.Macはもともとxamarin.iOSの派生製品ですが、Xamarin.iOSはもともとMonoTouchと呼ばれていました。MonoTouchはもともとはMonoMacというMacのCocoa/Objective-Cバインディングであり、MonoMacはオープンソースで開発されてきたものでした。

このリポジトリに含まれるのは、SDK（ランタイム、クラスライブラリとビルドツール）であり、IDEのアドインに属する機能はクローズドソースです。このSDKのみでApp Storeに発行するアプリケーションをビルドすることが可能になっているはずです。

xamarin-maciosの内容は、いくつかの観点で分類できます。

・製品の大別として、デスクトップを対象とするXamarin.Macと、それ以外を対象とするXamarin.iOSがあり、それぞれについて、フレームワーク ライブラリ、相互運用ネイティブライブラリ(libmonotouch/libxammac)、パッケージ生成ツール(mtouch/mmp)、バインディング生成ツールなどが含まれます。

・対象プラットフォームとして、Xamarin.iOSは、iOS、tvOS、watchOSをサポートしており、Xamarin.MacはMac OSXデスクトップをサポートしています。プラットフォームによって、32ビット、64ビット、あるいはその両方に特化したバイナリも含まれます。

　○各プラットフォームについて、monoランタイム、クラスライブラリ、それらを対象としたバインディング生成ツールが含まれます。クラスライブラリは、Xamarin.iOS.dll、Xamarin.TVOS.dll、Xamarin.WatchOS.dll、Xamarin.Mac.dllと、プラットフォームごとにアセンブリ名が異なっています。バインディング生成ツールも、伝統的にはiPhone OS

176 ｜ 第6章　開発者のためのXamarin関連リポジトリ集

を前提とした btouch のみでしたが、現在では tvOS 用 btv、watchOS 用 bwatch、デスクトップ用 bmac といった variant があります。

○ Xamarin.Mac には、モバイル互換のプロファイルと、.NET 4.5 互換のプロファイルが含まれており、それぞれについて、別々のアセンブリ集合と、それに伴うバインディング生成ツールが含まれています。

・プラットフォームを構成するファイルとは別に、プロジェクトをビルドするための MSBuild タスク拡張が含まれています。これは大まかには iOS と Mac とバインディングの3種類に分かれますが、さらに対象プラットフォームごとにビルド処理の内容が異なってきます。

ここでは Xamarin.iOS や Xamarin.Mac の構成の詳細を論じることはしませんが、もし興味があれば、ぜひビルドしてその出力を眺めてみてください。

xamarin/Xamarin.MacDev

xamarin-macios と Xamarin Studio で共通して使われる、Apple SDK のツールや Xamarin.iOS/Mac SDK のツールを、C# のコードで操作できるように作成された小規模なライブラリです。xamarin-macios がこれを利用して iOS/Mac プロジェクト用の MSBuild タスクを実装しています。

xamarin/java-interop

Xamarin.Android で使用される、Java と .NET のブリッジをサポートするコードがあります。実のところ、Java と .NET の相互運用は Android に限らないので、Android 依存の部分を xamarin-android に切り離して、それ以外のコアな部分がこちらに集中している状態です。歴史的な経緯で Android という名前の含まれた型やツールがこのリポジトリのコードに含まれていることもあります。

このリポジトリの中には、JNI を通じて Java オブジェクトを .NET から操作する Java.Interop.dll、この Java.Interop.dll を利用して操作できる Java バインディングを生成する generator、その入力となる API 定義ファイルを作成する class-parse、api-xml-adjuster といったツール群のコードが含まれています。

xamarin/xamarin-android

Xamarin.Android のメインリポジトリです。Android API のバインディングである Mono.Android.dll のソース、Xamarin.Android プロジェクトをビルドするための MSBuild タスク、その中で使用される多様なツールチェインのソースコードが含まれています。Xamarin.Android をご存じの方向けに、Xamarin.Android SDK の内容の構成図を示します。（図6.1）

xamarin-macios と同様、このリポジトリに含まれるのは SDK のみであり、IDE のアドイン機能はクローズドソースです。さらに、デバッグ実行のために必要となる shared runtime や platform APK、fast deployment のソースまで非公開になっています。

xamarin/xamarin-android-tools

xamarin-android と Xamarin Studio との間で共通に使われる、Android SDK ツー

図6.1: Xamarin.Android SDKの内容の構成図

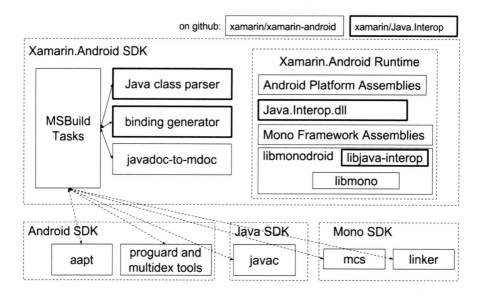

ル（adbやaaptやandroidなど）およびXamarin.Androidツール（generator.exeやMono.Android.DebugRuntime-debug.apkなど）へのファイルパスなどをC#のコードに提供するためのライブラリです。xamarin-androidでは、この情報をもとに、MSBuildタスク上からこれらのツールを呼び出して実行したり、apkをターゲットに転送したりします。Xamarin.MacDevと概ね同じ目的で作られています。

6.5 Xamarin コンポーネント／ライブラリ

xamarin/XamarinComponents

かつてxamarin/Pluginsという名前で公開されていたリポジトリがこの名前に変更になって、各種ライブラリ、コンポーネントの一覧を公開する存在となったものです（Pluginsも単なるリストでした）。AndroidのサポートライブラリやGoogle Play Services、iOSのGoogle SDK、後はPluginsが並んでいます。（図6.2）

Xamarin Pluginというのは、Xamarinアプリケーションで使用できるクロスプラットフォームなライブラリを構築するアプローチのひとつです。ライブラリAPIは参照用PCLアセンブリで公開し、実際に動かすコードはプラットフォーム毎に実装する（あるいは、単に元からクロスプラットフォームなAPIを使用する）、bait and switchと呼ばれるテクニックを活用します。カメラAPIや連絡先の取得、Bluetoothやメディア・音声利用などは、本来プラットフォームのネイティブAPIを使用しないと使えませんが、PluginがあればそれをNuGetでダウンロードして参照するだけで足ります。

xamarin/AndroidSupportComponents

一連のAndroid support libraryのJavaバインディング プロジェクトのソースがここにあります。

図6.2: XamarinComponents リポジトリの README にある、Xamarin Plugin 一覧

Name	Description	NuGet	Docs & Source	Creator
Battery Status	Gather battery level, charging status, and type.	NuGet	GitHub	@JamesMontemagno
Barcode Scanner	Scan and create barcodes with ZXing.NET.Mobile.	NuGet	GitHub	@Redth
Bluetooth LE	Scan and connect to Bluetooth devices.	NuGet	GitHub	@allanritchie911
Calendar	Query and modify device calendars	NuGet	GitHub	Caleb Clarke
Compass	Access device compass heading.	NuGet	GitHub	@cbartonnh & @JamesMontemagno
Connectivity	Get network connectivity info such as type and if connection is available.	NuGet	GitHub	@JamesMontemagno
Cryptography	PCL Crypto provides a consistent, portable set of crypto APIs.	NuGet	GitHub	@aarnott
Device Info	Properties about device such as OS, Model, and Id.	NuGet	GitHub	@JamesMontemagno

通常、Javaバインディング プロジェクトはプロジェクトの構成としてはシンプルなのですが、この support libraryのバインディングの構成は非常に複雑な問題をかかえており、コードの構成も複雑化しています。

　まず、従来は最小API Levelに合わせてandroid-support-v4.jar、android-support-v7-*.jar…といった具合にjarファイルが編成されていました（実際にはあるタイミングでjarからaarに切り替わったのですが、説明の便宜上ファイル名はある時期のものを使いまわします）。しかし、単一のjarが膨大になりすぎて、Android Dalvikバイトコードのかかえる「1つのdexファイルに収まるメソッド数は65536まで」の制約を満たせなくなって、multidexの利用が必須になり、ビルドが遅くなって、開発者の不満が溜まっていました。そのため、最新のjarライブラリは、カテゴリーに合わせて分割されることになり、support-v4.jarは細分化されたライブラリ群を依存ライブラリとして列挙しただけの空白ライブラリになってしまいました。

　そのようなJavaライブラリの変遷に対応するべく、Xamarinもバインディングの編成を変更しています。基本的には、1つのaarにつき1つのdllをビルドし、aarの依存関係をdllでも忠実に再現し、最終的に以前のsupport-v4ライブラリと同様に単一のNuGetパッケージを配布しています。

　次に、このコンポーネントのビルドにはCake（C#ベースの、MSBuildではないビルドシステム）が使われています。このリポジトリのビルドシステムでは、ライブラリ本体だけではなく、Xamarinコンポーネントストア用のパッケージ、NuGetパッケージ、サンプル等もカバーしているので、単なるMSBuildのソリューション以上のビルドスクリプトが必要になっているようです。

　最後に、少々特殊な問題として、このライブラリでは通常のJavaバインディングライブラリで使用される、EmbeddedJarやLibraryProjectZipといったビルド アクションが使用されていません。

その代わりに、これらのライブラリ（DLL）を参照解決する時に、そのDLLに含まれるアセンブリ属性から、動的にJavaの依存ライブラリをダウンロードするような仕組みが用いられています。具体例として、Xamarin.Android.Support.v7.AppCompatのプロジェクトに含まれる`PropertyInfo.cs`の一部を見てみましょう：

```
// AppCompat-v7
[assembly: Java.Interop.JavaLibraryReference ("classes.jar",
        PackageName = __SupportConsts.PackageName,
    SourceUrl = __SupportConsts.Url,
        EmbeddedArchive = __Consts.AarPath,
    Version = __SupportConsts.Version,
    Sha1sum = __SupportConsts.Sha1sum)]
// AppCompat-v7 resources
[assembly: Android.IncludeAndroidResourcesFromAttribute ("./",
        PackageName = __SupportConsts.PackageName,
    SourceUrl   = __SupportConsts.Url,
        EmbeddedArchive = __Consts.AarPath,
    Version     = __SupportConsts.Version,
    Sha1sum = __SupportConsts.Sha1sum)]


static class __Consts {
    public const string AarPath = // オリジナルが長いので適宜改行しました
        "m2repository/com/android/support/appcompat-v7/" +
        __SupportConsts.AarVersion +
        "/appcompat-v7-" + __SupportConsts.AarVersion + ".aar";
}
```

`JavaLibraryReference`という属性と、`IncludeAndroidResourcesFromAttribute`という属性が記述されています。これらがXamarin.Androidのビルドシステムに認識されると、上記のような依存関係解決処理が行われて、最終的なパッケージのビルドにjar（を変換したdex）が含まれることになります。

以上の特殊性から、Javaバインディングのリファレンス モデルとしては参照しないほうがよいでしょう。

xamarin/GooglePlayServicesComponents

Android用のGoogle Play ServicesのJavaバインディング ライブラリのソースです。これは実質的にAndroidサポートライブラリに似た分割の歴史、ライブラリのビルド・パッケージ・配布の構成、Cakeベースのビルドシステムに基づいています。特に、Google Play ServicesはOSSではなく、バインディング ライブラリに勝手に含んで配布するとライセンス上の問題が生じうるため、前述のような動的ダウンロードの仕組みになっていることが重要なのです。

180 | 第6章 開発者のためのXamarin関連リポジトリ集

xamarin/GoogleApisForiOSComponents

こちらはiOS用のGoogle Play ServicesやFirebaseのためのObjective-Cバインディング ライブラリのソースです。こちらはCocoaPods（Objective-Cとswiftのためのパッケージマネージャー）を利用しているようです。また、Androidと同様にCakeを利用してビルドします。

xamarin/FacebookComponents

Facebookライブラリのバインディングです。これはiOS用とAndroid用があり、それぞれネイティブ ライブラリへのバインディングです。AndroidやiOS向けに作られたXamarin用のコンポーネントは、（Xamarin公式であれサードパーティであれ）このような単なるバインディング プロジェクトであることが多いです。一般的に、バインディングライブラリはiOS用もAndroid用も、それなりに作るのが大変だそうです。

xamarin/Xamarin.Auth

かつてXamarinでは、クロスプラットフォームのモバイル用ライブラリとして、Xamarin.Mobileと呼ばれる一連のライブラリを公開していました。media picker、contact pickerなどが存在していたのですが、このXamarin.Authもその一環として、デバイス内にある認証情報を利用したOAuth認証などを実装しているものです。その後、Xamarin.Mobileであったものの大半はXamarin Pluginsに移行していきました。

xamarin/android-activity-controller

AndroidのActivity遷移は使いにくい、C# asyncフレンドリーではない、もっとXamarinで使いやすいActivityがほしい、という声が（主にMiguel de Icaza1人から）上がり、それで<del>仕方なく</del>作られたActivityの薄いヘルパー クラスがこのandroid-activity-controllerです。何が嬉しいのか? サンプルコードを見てみると分かるでしょう:

```
async void Button_Click(object sender, EventArgs e)
{
    var contactPickerIntent = new Intent(Intent.ActionPick,
            ContactsContract.CommonDataKinds.Phone.ContentUri);
    var result = await StartActivityForResultAsync(contactPickerIntent);
    (...)
}
```

Xamarin.Forms

Xamarin.Formsの（SDKの）ソースコードが含まれています。（Xamarin.Formsそのものの紹介は、巷にありふれているので、ここで改めてする必要もないでしょう。）

ほとんどの部分はフレームワーク ライブラリのソースコードですが、その他にxamlg（XML

to C#のコードジェネレーター）やxamlc（XAML to ILのコードジェネレーター）、そのxamlcを
Xamarin.Formsを使用したライブラリのビルド時に実行できるMSBuild関連ファイル（targetsな
ど）も含まれています。xamlcやxamlgは、基本的にMSBuildタスクから呼び出されるため、単独
で実行する機会はおそらく無いでしょう。

6.6　モバイル・デスクトップ共通のクロスプラットフォーム ライブラリ

mono/OpenTK

OpenTKは、OpenGLのC APIに対するバインディング ライブラリです。Cヘッダをもとに、
P/Invokeのコードを自動生成しています。OpenGL自体がクロスプラットフォームであり、iOS
やAndroid環境でも使える存在として早い時期からMonoコミュニティでも活用されてきました。
OpenTKはコミュニティ発のプロジェクトです。

OpenGLは古くから存在するAPIであり、またクロスプラットフォームで利用できるということ
もあって、Mono/.NETコミュニティには昔から複数のOpenGLバインディングが登場しては消え
ていきました。OpenTKはその最終形態として残ったものであるといえます。同様の歴史がCocoa/
Objective-Cについても展開してきました[11]）。

本章では言及しませんが、MonoGame、その上に成るCocosSharpといったプロジェクトの基盤に
もなっています。

mono/VulkanSharp

VulkanはOpenGL同様に、しかしよりオーバーヘッドの少ないかたちで3Dグラフィックス処理
を実現するAPIです。Android上で実装されており、iOSのMetalに相当する存在であるといえま
す。このVulkanSharpも、OpenTK同様、比較的素直なP/Invokeに基づいています。

Vulkan自体がAndroid 7.0になってはじめてサポートされたもので、これに対応したデバイスはま
だ多いとはいえませんが、サポートしている環境でのみ特別に呼び出すことは可能です。P/Invoke
はdlopenに基づいているので、ビルド時のリンクエラーを心配することはありません。もちろん、
実行時にVulkanの無い環境で呼びだそうとすればDllNotFoundExceptionが発生してしまうので、
実行環境のAndroidバージョン等はコード中で呼び出し前に確認する必要があります。

Vulkan自体はクロスプラットフォームのAPIですが、VulkanSharpは少なくとも2017年3月時
点ではAndroid版とWindowsデスクトップ版しか存在していません。

mono/SkiaSharp

SkiaSharpは、SkiaのC APIに対するバインディング ライブラリです。Skiaは元々Google Chrome
のレンダリングエンジンとして公開されたもので、ごく自然にクロスプラットフォームで利用でき
ます。

Monoプロジェクトでは伝統的にCairoをグラフィックスライブラリとして使用してくることが多
かったのですが[12]、SkiaがChromeとともに継続的に開発されていることや、モバイル環境のサポー
トも十分に行われていることから、Xamarinでの利用にはSkiaが向いているといえそうです。

182　　第6章　開発者のためのXamarin関連リポジトリ集

SkiaSharpの暗黙的なもうひとつの役割は、後述するNuGetizer 3000のサンプル プロジェクトとして存在することです。SkiaSharpはNuGetパッケージとして提供されますが、実装はbait and switchテクノロジーに基づくプラットフォーム固有DLLの集積です。

6.7　サンプル集

Xamarinのサンプル アプリケーションやAPI利用のサンプルは、さまざまなリポジトリに分散しており、それぞれがそれなりのボリュームになっています。ここでは、それぞれの内容の詳細を紹介することはせず、一覧として提示するにとどめます（表6.1）。レシピ集[13]、オンライン書籍[14]は、いずれもXamarinのWebサイトにあります。

表6.1: サンプル リポジトリ

リポジトリ	内容
ios-samples	Xamarin.iOSのAPIサンプル
mac-samples	Xamarin.MacのAPIサンプル
mac-ios-samples	Xamarin.Mac、Xamarin.iOSの共通APIサンプル
monodroid-samples	Xamarin.AndroidのAPIサンプル
mobile-samples	Xamarin.Android、Xamarin.iOSの、ある程度アプリケーションの体裁を整えたサンプル
xamarin-forms-samples	Xamarin.Formsのサンプル
Workbooks	Xamarin Workbooksのサンプル
recipes	Xamarin製品全般（IDEなども含む）の「レシピ集」としてまとめられたサンプル
xamarin-forms-book-samples	オンライン書籍「Creating Mobile Apps with Xamarin.Forms」に含まれるサンプル
test-cloud-samples	Xamarin TestCloudのAPIのサンプル

6.8　非マネージドコード環境との相互運用

ここからは、少し未来の話を書いていこうと思います。

mono/CppSharp

.NET/C#とプラットフォームのネイティブコードとの相互運用は、基本的にP/Invokeによって実現します。P/Invokeは、大概の.NET系ランタイム（.NET Framework, Mono, .NET Core）で実装されている機能で、基本的にCで書かれて定義された関数を呼び出すのは比較的簡単です。

Cであれば簡単にできることが、C++になると一気に難易度が高くなります。これは、C++コードをコンパイルした時に各種コンパイラが生成する各種のname manglingが施されることや、クラス、演算子オーバーロード、コンパイル時に解決されるテンプレートなど、C++のほうが高度な機能を多数かかえていることなどが理由です。そして、それらと.NETの辻褄が合うように調整するア

プローチは、さまざまでしょう。同様の問題をJavaコミュニティもかかえており、C++とJavaの相互運用は死屍累々の有様です。(この問題については、筆者が2016年にTechBooster刊行の「なないろAndroid」[15]でJavaCPPについての記事をまとめています。)

CppSharpは、clangを使用してC++ヘッダを解析して、glueコードを生成するものです。以前はllvmとclangをチェックアウトして、その中のひとつのモジュールとしてCppSharpをビルドする必要がありましたが、今はllvm/clangはバイナリで用意されているものを使えます。

CppSharpは現時点で正式版というものが無く、Xamarin製品でもまだユーザーの目に見えるところで使われてはいない技術です。CppSharpを使っているプロジェクトには、QtSharp、ChakraSharp、ffmpegバインディング、Tizenバインディングなどがあります(それぞれ内容は名前から想像できることでしょう)。MonoGameでも一部で使われているようです。

xamarin/WebSharp

WebとJavaScriptの世界に.NETのマネージドコードを持ち込もう、という試みは.NET構想の初期の頃から常に行われてきました。.NET 1.0の頃は、セキュリティの確保されたVM上でリモートのコードがリモート用のパーミッション集合に基づいて実行されることが期待されていました。それが挫折してしばらくすると、今度はスコープをイントラ環境に(実質的に)限定したClickOnce、そしてActiveXを置き換えるRIA環境としてのSilverlightと、さまざまな試みが為されてきました。

このWebSharpも、その類型のひとつであるといえます。まだ開発が始まったばかりというべきところで、Xamarinからも公式な発表は一度も出ていないので、最終的な内容がどうなるか、そもそも成果が出るのかはまだ未定というべき段階ですが、Webと.NETの相互運用を目標とする、いくつかのコンポーネントから構成されています。

・ブラウザ内部でmono VMを立ち上げるプラグイン

・Pepper APIのC#バインディングPepperSharp

・Pepper APIに基づいてDOMにアクセスするXamarin.W3C API

・System.Windows.Browser - Silverlightが提供していたものと同等のAPI

本章はWebSharpの詳細を追究するものではないので、興味が向いた方は調べてみてください。

mono/Embeddinator-4000

monoのembedded APIを活用して、マネージドコードの.exeや.dllのAPIから、それに対応するCやC++、Objective-C、Javaのstrongly typedなAPIと実装を生成するツールです。まだ開発が始まったばかりで、何もリリースされてはいません。

monoを利用してアプリケーションのネイティブコードバンドルを配布する仕組みは、古くからmkbundleというツールによって実現してきましたが、これは単にネイティブアプリケーションとしてmonoアプリケーションを実行する仕組みに過ぎず、内部的には単純にアプリケーションのアセンブリが組み込みmonoランタイムと同梱されて、実行時に展開されているものでした。Embeddinatorはmkbundleとは目的が異なり、ネイティブのアプリケーションからCを経由したマネージドAPIの呼び出し生成するものです。図6.3に例を示します。

どの言語についてもいえることですが、ネイティブコードとの相互運用でもっとも信用度が高いのはCであり、このEmbeddinator-4000についても同じことがいえます。

図6.3: Embeddinator-4000 で生成した、CppSharp.Parser.dll を呼び出せる C API

6.9 仕様策定

xamarin/xamarin-evolution

XamarinのAPIなどに関する設計を公開して議論するためのリポジトリです。と言いたいところですが、実際にはこのリポジトリが使われている形跡はまったくありません。Xamarin.AndroidやXamarin.iOSは基本的にプラットフォームに牽引されたAPIであり、ここで議論する余地はほとん

第6章　開発者のためのXamarin関連リポジトリ集　185

どありません。Xamarin.Forms についての議論は、Xamarin のフォーラムや github issue などを見たほうがよいでしょう。

6.10 総括

本章では 40 件ほどの（サンプル等を全部数えたら 50 件ほどの）Mono/Xamarin 関連のリポジトリについて、それぞれの目的や歴史的背景なども踏まえつつ、雑多に紹介してきました。リポジトリには、重要な役割を有しているもの、ただのバイナリ置き場になっているもの、過去の遺物になっているものなどがあり、Microsoft のリポジトリのコピーっぽく見えるものには、独自の変更が加えられていて、その理由にはユーザー（たる開発者）にとって重要なものと、そうでもないものがあること、なども読み取れたかと思います。

本章が、諸事情で Mono や Xamarin のソースコードを追いかけることになった皆さんの、ソースコード探訪の一助となればさいわいです。

---

1. https://speakerdeck.com/atsushieno/xamarin-source-quest
2. Visual Studio 上で動作する Xamarin 製品は、ランタイムとしては .NET Framework の上で動作していますが、Mono に含まれるツール類も使用されています。
3. http://www.buildinsider.net/mobile/insidexamarin/02
4. https://github.com/mono/mono/tree/mono-4.4.0-branch/external
5. https://github.com/mono/mono/tree/master/mcs/class/referencesource
6. 2016 年後半からの動きです。1.0 もリリースされたことですし。
7. もっとも、cycle8、cycle9…と続いてきた Xamarin のリリースサイクルプランですが、今後はリリーススキームが変更になり、これまでのようなリリースサイクルごとのブランチは行われずに、すべて master からリリースしていくようなので、このようなブランチ名では続かないでしょう。
8. Windows 上で F# プロジェクトをビルドするのに使用される F# ツール群は、Visual Studio でセットアップされたものが使用されます。iOS や Android のプロジェクトで、フレームワークの一部として含まれる FSharp.Core.dll は Xamarin がビルドして配布するものです。
9. .NET Core では docfx が開発されていますが、SandCastle の代替にはなっていないようです。
10. http://stackoverflow.com/questions/835182/choosing-between-mef-and-maf-system-addin
11. ここだけ個別に言及しますが、Build Insider 連載の Xamarin.iOS の回で言及しています。
12. たとえば、Mono.Cairo というダイレクトなバインディングがあり、また System.Drawing API の実装や、Silverlight の Linux 版である Moonlight の実装で使われてきました。
13. https://developer.xamarin.com/recipes/
14. https://developer.xamarin.com/guides/xamarin-forms/creating-mobile-apps-xamarin-forms/ そのうち日本語訳が刊行される予定です。
15. https://techbooster.github.io/c91/

第7章 Xamarin.Android SDK解説 （rev. 2017.3)

　Xamarinは2016年にMicrosoftによる買収と無償化、そしてXamarin SDKのオープンソース化という大きな動きがあり、注目度が大きく上がりました。本稿ではオープンソース化されたXamarin.Androidを使用してAndroidアプリケーションをビルドできるところまでの仕組みを、詳しく説明していきます。

　Xamarinプラットフォームは、その背景をよく知らない人には、魔法のように見えるかもしれません。魔法を魔法のままで終わらせず、その仕組みを広く知ってもらいたいというのが、本章の主な目的です。

　本章では、なるべくXamarin.Androidの使用経験を前提としないように記述しますが、Xamarin.Androidに触れたことがあれば理解が早いでしょう。また、.NETの開発経験もAndroidの開発経験も前提とせずに記述しますが、.NET FrameworkやJavaでの開発におけるやり方などを、比較・比喩の目的で積極的に取り上げてもいきます。幸い2017年現在、Xamarinに関する入門的な資料はWeb上に多数存在しているので、それらを参考にするのもよいでしょう。

7.1 Xamarin.Androidの基礎

そういうわけで「基本」ではなく「基礎」から入ります。

Xamarin.Androidとは何か？

　Xamarin.Androidは、.NETの仕組みを利用しています。Javaで提供されるAndroid SDKのAPIを、C#やF#から使用して、Androidネイティブのアプリケーションを開発できるようにします。Android Studioを使えば、IDE上でJavaを使用してAndroidアプリケーションを開発できるというのと同じように、Xamarinの世界ではXamarin StudioやVisual StudioといったIDEを使用して、C#やF#でAndroidアプリケーションを開発できます[1][2]。

　本章で解説するXamarin.Android SDKは、これらのIDEを使用せずにコンソールツールのみでXamarin.Androidアプリケーションをビルドするためのツールです。

非プラットフォーム標準コンパイラ・ランタイムの実現方法

　Xamarinのようなプラットフォームの提供者が開発環境を提供していないプログラミング言語（AndroidであればJavaやC++以外）を、アプリケーション開発で利用するには次のようなアプローチが考えられます。

1. 対象言語で書かれたプログラムが実行時に必要とする「ランタイム」を、アプリケーションに含める
2. 対象言語で書かれたプログラムをプラットフォームネイティブの言語のプログラムにトランスパイル（翻訳）してから、アプリケーションをビルドする
3. プラットフォームネイティブで動作する中間コードを生成するコンパイルインフラストラクチャのバックエンドを前提として、そのフロントエンドとして言語コンパイラを実装する

開発言語環境でプラットフォームの主要なAPIを提供しているかどうかは、次節で別途解説します。ここではコンパイラツールチェインに焦点を絞ります。

1つめの例としては、SwiftをAndroidで使用できるようにしたものが挙げられます[34]。2つめの例としては、C#のソースをAndroidのDalvikバイトコードにコンパイルするDot42というプロダクトが存在しました[5]。CordovaやNativeScriptなど、JavaScriptベースのフレームワークは、プラットフォーム上に存在するJavaScriptエンジンを利用するものですが、ここでは1つめと考えてよいでしょう。3つめは、LLVMフロントエンドを想定した項目です。

iOS SDKはもちろん、Android NDKでもr11からclangを標準コンパイラとして規定しており、LLVMフロントエンドを活用する準備は整っているといえます。D言語のコンパイラなどがすでに実現しているようです（図7.1）。

図7.1: コンパイラとランタイムの各種実現方法

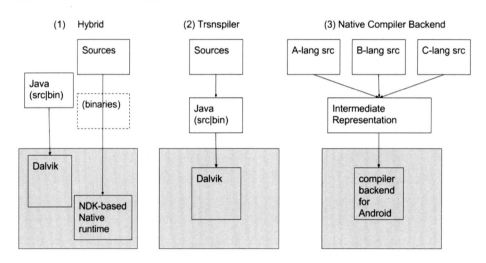

非標準言語用プログラムの「ランタイム」を同梱するためには、その「ランタイム」が、何らかのかたちでプラットフォーム上で実行可能なものになっていなければなりません。特にiOSにおいては動的なネイティブコード生成が許されないため、JIT方式によるランタイムは移植不可能です。これがプログラミング言語環境のモバイルプラットフォームへの参入障壁のひとつとなっています。

一方で、あるプログラミング言語を他のプログラミング言語にトランスパイルするのは容易ではありません。どの言語にも概ね他の言語では簡単に実現できない特色があります。たとえば、Javaに実行時ジェネリック型情報は存在しないので.NETのジェネリクスを前提としたコードをJavaに

トランスパイルすることは不可能です[6]。また、ランタイムの存在を前提とできないことも大きな制約を生み出す原因のひとつです。

　ランタイムとトランスパイラを組み合わせたソリューションもあると思いますが、ここでは説明の便宜上、単純な二項対立にとどめておきます。

　XamarinプラットフォームではMonoを使用しています。Monoはクロスプラットフォームで実行可能な仮想マシン環境として、MicrosoftがECMA（欧州の工業規格化団体）やISOでその標準化活動に勤しんでいる、**共通言語基盤**（Common Language Infrastructure, CLI）の、実装のひとつです。Xamarinは、本来的にはMonoを開発している会社であり、Monoの歴史においてモバイルは支流のひとつにすぎないのですが、知名度でいえばモバイル製品であるXamarinのほうが大きいといえるでしょう。

　先の3分類でいえば、1番目に該当することになります。

　言語ランタイムの多くは、何らかの「ホスト」プログラムに組み込んで使用することを前提としており、ライブラリとしてプログラムをロードして実行できるようになっています。MonoもCプログラムから呼び出せる組み込みAPIを用意しており、Xamarin.iOSおよびXamarin.Androidでもこれを使用しています。

プラットフォームAPI呼び出し機構

　Xamarinとその他の非ネイティブ言語開発環境が大きく異なるひとつの要因が、ネイティブAPIバインディングの提供です。Androidでは、すでにGoやSwiftのプログラムが実行できることが確認されていますが、それらの言語でプラットフォームのAPIに相当するAPIを提供しているものは、（2017年3月の時点では）まだありません。JavaScriptに関しては、Telerik社のNativeScriptがネイティブのAPIから自動生成するツールをもとに、TypeScriptのAPIを提供しています[7]。

　iOSはObjective-CおよびSwiftを、AndroidはJavaを、それぞれのプラットフォームの標準言語として提供しています。これらの言語からはプラットフォームの標準APIにアクセスできます。C/C++は、いずれのプラットフォームでも、これらに比べると、かなり限られたAPIアクセスのみが提供されています。

　非標準の言語からこれらのAPIにどうアクセスするかはそれぞれの言語のフレームワーク次第ですが、Androidは基本的にJava VM（virtual machine、仮想マシン）を踏襲していて、CライブラリからJava VMにアクセスするAPIであるJNIと同等のAPIを提供しています[8]。

　JNIを使用すると、そのVM上で動作しているJavaオブジェクトにCプログラムから一種のリフレクションAPIでアクセスできます。Xamarin.Androidでは、このJNIとMonoの組み込みAPIを結びつけて次の機能を実現しています。

・MonoランタイムからのこのJNIの呼び出しを受けてJava APIを実行する
・Java（Dakvik/ART）のVMからネイティブメソッドとして.NETのコードを実行する

　ちなみにXamarin.iOSの場合は、このJNIの代わりにObjCRuntimeが使われます。

　前述の2つの機能を実装した上で、Xamarin.Androidでは膨大なAndroid APIのバインディングの大半を機械的に生成して基盤としています。

Xamarin.AndroidのAPI

Xamarin.Androidでアプリケーションを作る際には、次の種類のAPIが使用できます。

1．.NET Frameworkが提供するAPIの、モバイル用サブセット
2．android.jarに相当する標準Android API
3．Java APIの呼び出しを実現しているバインディングAPI

（1）.NET Frameworkが提供するAPIというのは、主にSystem.*名前空間に属する型を定義しているライブラリです。Oracle JDKでいえばrt.jarのような存在です。

Windows Phone開発の経験がある人には解ると思いますが、Xamarin.iOSやXamarin.Androidでは.NET Frameworkというデスクトップ環境で使用できるAPIのすべてが使えるわけではありません。.NET Frameworkのライブラリは膨大であり、またその多くはWindowsの機能を前提としているためです。そのためモバイル用のサブセットが定義され、使用されています。これは伝統的には、ブラウザ環境でFlashのようなリッチクライアントを実現するために開発されたSilverlightという技術に遡ります。Xamarinは、Silverlightの導入時に定義されたAPIのサブセットを活用しています。Silverlightは、Mac OSやLinuxでも実行できるように設計されています。Linux上での実装はMonoチームがMoonlightというプロジェクトで実現していました。そしてこのAPIサブセットは、MicrosoftにおいてもWindows PhoneのAPI基盤となっています。このサブセットの範囲内で実装されたライブラリは、Xamarin.Androidでも再利用できます。

ちなみに、このXamarin.Android用の.NET APIのサブセットを対象とする**PCL**（ポータブルクラスライブラリ）も存在しており、これは後述するXamarin.Formsなどのクロスプラットフォームのライブラリを開発する際に活用しています。.NET Standard 2.0の最終仕様が確定して.NET Core 2.0がリリースされれば、Xamarin.Androidも対応するでしょう。

（2）Androidアプリケーションの開発では、通常Javaのandroid.app.Activityクラスなどを使用します。これらはAndroid SDKの構成要素であるプラットフォームAPIとして、各API Levelごとに存在しているandroid.jarに含まれています。Xamarin.Androidには、このandroid.jarで定義されたAPIに対応する.NET化されたAPIを含むMono.Android.dllというライブラリが各API Levelごとに存在しています[9]。

実のところMono.Android.dllは技術的には、大半が次の（3）で詳しく説明するバインディングAPIです。単にアプリケーション開発者がパッケージを探したり、自らバインディング・ライブラリを作成したりする必要がない、という以上の違いはほとんどありません。

このライブラリの中に、Javaとの相互運用を実現する機能も、公開APIとして存在しています（その実装はJava.Interop.dllというライブラリなのですが、ここでは詳しく説明しません）。

（3）Android開発のエコシステムには、Google公式のAndroid Support LibraryやGoogle Play Servicesなど、すでに多数の専用Javaライブラリが資産として存在しています。Xamarin.Androidでもこれらを活用するJavaバインディングライブラリという機能が存在しています。

Javaバインディングライブラリはjarライブラリやaarライブラリパッケージから Mono.Android.dllに含まれるJava相互運用のAPIを活用して、同等の機能を実現するC#ソースコードを自動生成し、コンパイルしたDLLです[10]。

Javaバインディングライブラリは、Java APIをよりC#っぽいAPIに変換します。その際に、C#の特性を踏まえた変更が少なからず加えられます。いくつか例を挙げると、

- AndroidのJava APIの命名規則はほぼCamelCaseですが、Javaバインディングはそれらを.NETクラスライブラリ開発のガイドラインに従ったPascalCaseに置き換えます[11]
- インターフェースの名前は"Foo"ではなく"IFoo"となります
- ジェネリック型情報は、Javaでは実行時には消失していることもあって.NET APIでは再現されません[12]
- int型の定数を列挙値としているものはC#のenum型に変換できます（これは自動的に行えるものではないため、手作業でマッピングを定義する必要があります）
- イベントリスナーとして使用するJavaインターフェース[13]は、イベントを構成するものとみなされます。そのイベントリスナーを引数として渡されるメソッドからはC#のeventメンバーが生成され、引数はEventArgsを構成するものとして渡します
- Javaアノテーションは、基本的にC#の属性に変換されます。使い方によっては内部的にJavaアノテーションを生成します
  - 特定の属性を使用することでAndroidManifest.xmlの内容を自動生成できます。AndroidManifest.xmlの内容は、アプリケーション開発者が自ら記述することもできますが、多くの場合は自動生成される内容で足りるでしょう

Javaバインディングライブラリの多くは、Mavenではなく.NETのライブラリ配布パッケージングシステムであるNuGetで見つけることができます。

本章は、主としてXamarin.Android SDKについて説明するものであり、Xamarin.Androidの使い方を徹底解説するものではありません。これらの基本的な情報を詳しく知りたい場合は、Web上にある既存の資料を活用して下さい。重要なのは、Javaバインディングライブラリは主にXamarin.Androidによって.NETのスタイルに変形されて自動生成されるものであり、Mono.Android.dllもその一部である、つまりXamarin.Android SDK自身をビルドする際にも使用されている、ということです。

IDEとプロジェクトの作成・ビルド

Xamarin.Androidは.NETの標準的なビルドシステムである**MSBuild**のプロジェクトモデルを前提としています。プロジェクトはコマンドラインツール`MSBuild.exe`（Windows / .NET Framework）または`xbuild`（Mono）、あるいはXamarin StudioまたはVisual Studioを使用してビルドします。[14]

Xamarin StudioはXamarinが開発しているMonoDevelopというクロスプラットフォームのIDEに、Xamarinプラットフォームをサポートするアドインを追加したものです。Visual Studioについても（Xamarinはもちろんその IDE自体は開発していませんが）同様にアドインを追加しています。IntelliJ IDEAとAndroid Studioの関係に類似しています。

IDEアドインはXamarin SDKの構成要素ではなく、オープンソースでもないので、ここでは必要な最小限の説明にとどめます。

Xamarin.Android SDKのみでゼロからプロジェクトを作成するのは（不可能とまではいいませんが）困難なので、通常はいずれかのIDEからプロジェクトを作成することになるでしょう。作成できるXamarin.Androidプロジェクトの種類は、次の3種類です。

・Androidアプリケーション

・Androidライブラリ

・Javaバインディングライブラリ

Androidアプリケーションプロジェクトは、ビルドすると最終的にAPKファイルが作成されます。Androidライブラリは、Androidアプリケーションのプロジェクトのみが参照できる標準的なC#のライブラリです。Javaバインディングは、すでに説明したとおりです。Javaバインディングはプロジェクトファイルの構成もビルド手順も、通常のAndroidライブラリとはまったく異なるものです。本章でもその詳細は他のふたつとは別々に説明します。

オープンソースでないXamarin.Androidでは、標準のデバッグビルドとリリースビルドはまったく別のアプリケーションファイル構成となっています。特にデバッグビルドにおいては、Fast Deploymentと呼ばれるビルドが存在しています。これはデバッグランタイムというデバッグビルド専用のヘルパーAndroidアプリケーションが実行時にtarget（deviceまたはemulator）にインストールされていることが前提となっています。Xamarin.Android SDKでは、デバッグランタイムがサポートされていないので本章ではこの詳細を扱いません。

Debug/Release と FastDeployment/Embed

製品版として配布されているXamarin.Androidのデフォルトの挙動を紹介しておくと、ごく大まかな区別の仕方として、デバッグビルドをOSS版xamarin-androidに含まれない **Fast Deployment** モードにし、リリースビルドをGoogle Playにアップロードできるパッケージを生成する **Embed** モードにして、それぞれAPKファイルを作成しています。この挙動は細かく調整可能で、"Use Shared Mono Runtime"というオプションをオフにすると、デバッグビルドでもEmbedモードでビルドできますし、デバッグシンボルはパッケージされます。

OSS版であるxamarin-androidの場合は、デバッグビルドとリリースビルドのいずれもEmbedビルドになります。

Xamarin.Androidアプリケーションの構成要素

Xamarin.Androidで作成されるアプリケーションは、最終的にはGoogle Playで配布し、単体で実行できる「標準的な」APKとなります。WebブラウザにおけるFlashプラグインのように、他のアプリケーションを追加でインストールする必要はありません。

一方でXamarin.Androidアプリケーションは、Monoランタイムをパッケージしなければならず、これにはネイティブライブラリが含まれることになります。2017年3月時点でMonoランタイムのビルドでサポートしているネイティブライブラリは、armeabi-v7a、arm64-v8a、x86、x86_64です。

AndroidのAPKファイルはzipアーカイブであり、その中には、アラインメント境界が調整され
たファイルが入っています。図7.2に内容となるファイルの一覧と、それを大まかにグループ化した
図を示します。

図7.2: Xamarin.Android アプリケーションの APK ファイルの内容

```
/sources/xamarin-android$ unzip -l samples/HelloWorld/bin/Debug/com.xamarin.andr
oid.helloworld.apk
Archive:  samples/HelloWorld/bin/Debug/com.xamarin.android.helloworld.apk
  Length      Date    Time    Name
---------  ---------- -----   ----
     3096  2016-05-28 14:20   AndroidManifest.xml
      552  2016-05-28 14:20   res/layout/main.xml
     2380  2016-05-28 14:20   res/mipmap-hdpi-v4/icon.png
     1591  2016-05-28 14:20   res/mipmap-mdpi-v4/icon.png
     4335  2016-05-28 14:20   res/mipmap-xhdpi-v4/icon.png
     7429  2016-05-28 14:20   res/mipmap-xxhdpi-v4/icon.png
    11033  2016-05-28 14:20   res/mipmap-xxxhdpi-v4/icon.png
     1612  2016-05-28 14:20   resources.arsc
      157  2016-05-28 14:20   NOTICE
   297576  2016-05-28 14:20   classes.dex
     5632  2016-05-28 14:20   assemblies/HelloWorld.dll
     1272  2016-05-28 14:20   assemblies/HelloWorld.dll.mdb
    13312  2016-05-28 14:20   assemblies/System.Runtime.dll
     5632  2016-05-28 14:20   assemblies/System.Threading.dll
     5120  2016-05-28 14:20   assemblies/System.Collections.dll
     5120  2016-05-28 14:20   assemblies/System.Collections.Concurrent.dll
     4608  2016-05-28 14:20   assemblies/System.Diagnostics.Debug.dll
     5120  2016-05-28 14:20   assemblies/System.Reflection.dll
     4096  2016-05-28 14:20   assemblies/System.Linq.dll
     6144  2016-05-28 14:20   assemblies/System.Runtime.InteropServices.dll
     5120  2016-05-28 14:20   assemblies/System.Runtime.Extensions.dll
     4608  2016-05-28 14:20   assemblies/System.Reflection.Extensions.dll
  1984000  2016-05-28 14:20   assemblies/System.dll
  2564096  2016-05-28 14:20   assemblies/System.Xml.dll
 23362048  2016-05-28 14:20   assemblies/Mono.Android.dll
  8766715  2016-05-28 14:20   assemblies/Mono.Android.dll.mdb
   117248  2016-05-28 14:20   assemblies/Java.Interop.dll
    45104  2016-05-28 14:20   assemblies/Java.Interop.dll.mdb
   902656  2016-05-28 14:20   assemblies/System.Core.dll
  3672064  2016-05-28 14:20   assemblies/mscorlib.dll
   886784  2016-05-28 14:20   assemblies/System.Runtime.Serialization.dll
   227840  2016-05-28 14:20   assemblies/System.ServiceModel.Internals.dll
   122368  2016-05-28 14:20   assemblies/System.Net.Http.dll
   270848  2016-05-28 14:20   assemblies/System.ComponentModel.Composition.dll
      143  2016-05-28 14:20   environment
   108080  2016-05-28 14:20   lib/armeabi-v7a/libmonodroid.so
 15378280  2016-05-28 14:20   lib/armeabi-v7a/libmonosgen-2.0.so
   544120  2016-05-28 14:20   lib/armeabi-v7a/libmono-profiler-log.so
   157148  2016-05-28 14:20   lib/x86/libmonodroid.so
 16054876  2016-05-28 14:20   lib/x86/libmonosgen-2.0.so
   547788  2016-05-28 14:20   lib/x86/libmono-profiler-log.so
  1128739  2016-05-28 14:20   typemap.jm
  1311385  2016-05-28 14:20   typemap.mj
   579940  2016-05-28 14:20   lib/armeabi-v7a/libgdbserver.so
  1117468  2016-05-28 14:20   lib/x86/libgdbserver.so
---------                     -------
 80245283                     45 files
/sources/xamarin-android$
```

　最初のグループは通常のAndroidアプリケーションと同様です。Xamarin.Androidでは、レイア

ウトリソースのファイル名に大文字を指定することもできますが、ビルド中の変換処理の過程で
Androidの要求する命名規則に沿って小文字化されます。

　次のグループはXamarin固有のもので、.NETのアセンブリファイルです。アプリケーションの
アセンブリと、そこから参照されたXamarin.Androidの標準ライブラリのアセンブリが含まれてい
ます。これはデバッグビルドの内容であり、不要なコードを削除するリンカー処理を行っていない
ので巨大なアセンブリがそのまま含まれていますが、リリースビルドの際には、（デフォルトで）リ
ンカー処理が適宜行われます。

　最後のグループもXamarin固有のもので、MonoランタイムとAndroidフレームワークを相互運
用するためのネイティブライブラリの集合です。これらは同じ内容のものが、サポートされるABI
ごとに同梱されます。

7.2　Xamarin.Android SDK

IDEの存在しない世界へようこそ。

Xamarin.Android "SDK"とは何か？

　2016年4月にXamarinは"Xamarin Platform SDK"と称する一連のSDKツールをオープンソース
で公開しました。それぞれGitHub上の次のモジュールに対応しています。
- Xamarin.iOS, Xamarin.Mac -> https://github.com/xamarin/xamarin-macios
- Xamarin.Android -> https://github.com/xamarin/xamarin-android
- Xamarin.Forms -> https://github.com/xamarin/Xamarin.Forms

これらの最終的な目的は、XamarinアプリケーションのプロジェクトソースからApp Storeおよ
びGoogle Playにアップロードできるようなアプリケーションパッケージを、SDKツールのみでビ
ルドできるようにすることです。

　Xamarin Platform SDKにはIDE統合は含まれません。IDE統合は、クローズドソースのままです。

　サポートされるビルドの種類は、デバッグランタイムを使用しない、単独実行可能なビルドのみ
です。デバッグビルドはあくまでVisual StudioやXamarin Studioでのみ提供されています。

　Xamarin.iOSとXamarin.AndroidのプロジェクトはMSBuild形式のプロジェクトファイルによっ
て記述されます。アプリケーション開発者はVisual StudioやXamarin StudioのようなIDEを使用
することもできますし、あるいはWindows上では`MSBuild.exe`を、Windows以外では`xbuild`を
使用して、コンソール上でプロジェクトをビルドできます。

Xamarin.Android SDKをビルドする

　2016年4月に公開されたバージョンのXamarin.Android SDKは、まだ開発者ら自身もまともに
セットアップできていない状態で公開されたものです。それ以来Xamarin.Androidチームは、これ
を既存の製品に統合し、またこのSDKが実際にコードの修正なしで誰にでもアプリケーションをビ

ルドできるようにしていきました（ごく当たり前のことですが重要なことです）。

　Xamarin.Android SDK は GitHub 上の xamarin-android リポジトリをチェックアウトし、一連の make を実行するだけで完了するというのがビルドの理想的なフローです。具体的には、次のコマンドで完了します[15]。

```
git clone --recursive https://github.com/xamarin/xamarin-android.git
cd xamarin-android
make prepare
make
```

　実際には今後同じチェックアウトを再利用することを考えると、その際に毎度 make prepare を実行しなくてもすむように git checkout は submodule と一緒に（git checkout --recursive などで）チェックアウトすると、のちのち楽になります。

　make を実行すると、その過程で Android SDK 及びその各種 SDK コンポーネント、さらに Android NDK をダウンロードして展開します。これにはかなりの時間がかかります。事前にローカルに Android SDK や NDK が存在する場合は無駄なのですが、2017 年 3 月時点ではカスタムセットアップはサポートされていません。

　ビルドに必要なパッケージは流動的なのですべてを列挙することはしませんが、README.md には「mono は 4.4.0 以降が必要である」という要件が記載されていますし、make prepare を実行すれば、Ubuntu であれば自動的にセットアップが行われます。筆者が Ubuntu 16.04 で試した範囲では、さらに nuget（NuGet.exe を含む）、vim-common、clang といったパッケージもインストールする必要がありました。

　make を実行すると Xamarin.Android が必要とするネイティブライブラリが、サポート対象アーキテクチャの数だけビルドされますが、**デフォルトでは armeabi-v7a と x86 のビルドしか行われない**というのも注意点です。mono はさらにデスクトップ環境用にもビルドされます。モバイル環境用には mono のランタイム及びライブラリのすべてがビルドされるわけではありませんが、各アーキテクチャ向けのランタイムのビルドには、それなりに時間がかかります。

　サポート対象アーキテクチャは **AndroidSupportedAbis** という MSBuild プロパティで変更可能です。MSBuild プロパティは MSBuild.exe ツール、あるいはそれに相当する Mono の xbuild ツールでは、/p:name=value というオプションで指定しますが、xamarin-android で make を実行する際には、環境変数 MSBUILD_ARGS を指定するかたちで渡すことができます。たとえば次のように指定すると、Xamarin.Android がサポートするすべてのアーキテクチャをランタイムのターゲットとして Xamarin.Android をビルドできます。

```
make MSBUILD_ARGS=/p:AndroidSupportedTargetJitAbis=armeabi-v7a,arm64-v8a,x86,x86_64
```

第 7 章　Xamarin.Android SDK 解説　（rev. 2017.3）　｜　195

Xamarin.Android SDK でアプリケーションをビルドする

さて、ようやく Xamarin.Android SDK を使用する準備が整いました。xamarin-android には、make install のような「インストール」の手順は用意されていません。代わりに、ビルドが完了すると bin/Debug あるいは bin/Release 以下に、bundle-vXX-CONFIG-PLATFORM-libzip=abcdefg,llvm=abcedfg,mono=abcdefg.zip のような名前のアーカイブが作成されます。これがビルドした Xamarin.Android SDK の内容となります。Xamarin.Android を使用してアプリケーションをビルドするには、このアーカイブの内容を展開するか、あるいはビルドしたばかりのソースツリーの bin/Debug あるいは bin/Release を使用して行います。今回は便宜上、ソースツリーのビルド出力をもとに説明します。

xamarin-android のソースツリーの中には tools/scripts/xabuild というシェルスクリプトが含まれています。Xamarin.Android のビルドには、このシェルスクリプトが使われます。この xabuild は Xamarin.Android のために必要な環境変数を設定して xbuild を呼び出すだけの、短いスクリプトです。

xamarin-android のソースツリーにはサンプルプロジェクトがあり、手元のビルドが機能するかどうかを手っ取り早く確認するには、これを使用するのが手軽です。ちなみにアプリケーションパッケージ（APK）を作成するには、xbuild のデフォルト MSBuild ターゲット **Build** ではなくターゲット **SignAndroidPackage** を使用します。

```
tools/scripts/xabuild /t:SignAndroidPackage \ (長いので\で改行しています)
        samples/HelloWorld/HelloWorld.csproj
```

ビルド出力は MSBuild の通常の出力と同様です（長くなるのでごく一部のみ抜粋）。

```
/sources/xamarin-android$ tools/scripts/xabuild \
                    samples/HelloWorld/HelloWorld.csproj
XBuild Engine Version 14.0
Mono, Version 4.5.1.0
Copyright (C) 2005-2013 Various Mono authors

Build started 5/28/2016 11:08:53 AM.
_____
Project "/sources/xamarin-android/samples/HelloWorld/HelloWorld.csproj"
(default target(s)):

(中略)

        4 Warning(s)
        0 Error(s)
```

```
Time Elapsed 00:00:01.4796240
```

　ビルドが成功すると、プロジェクトのbin/Debugディレクトリ以下に、アプリケーションの.apk
ファイルが作成されているはずです。

```
/sources/xamarin-android$ unzip -l \
  samples/HelloWorld/bin/Debug/com.xamarin.android.helloworld.apk
  Archive:  samples/HelloWorld/bin/Debug/com.xamarin.android.helloworld.apk
   Length      Date    Time     Name
  ---------  ---------- -----    ----
       3096  2016-05-26 11:36    AndroidManifest.xml
        552  2016-05-26 11:36    res/layout/main.xml
       2380  2016-05-26 11:36    res/mipmap-hdpi-v4/icon.png
   (中略)
  ---------                      -------
   51695611                      41 files
```

　ちなみにデフォルトのビルドでは、パッケージされるアセンブリには何も手を加えず、結果的に巨
大な（20MB以上の）アセンブリがそのままAPKにパッケージされることになります。これをその
まま配布することは望ましくありません。リリースビルドを行う前にはアセンブリリンカーを用い
て、使用しない機能をアセンブリから削除するとよいでしょう。そのためには**AndroidLinkMode**
ビルドプロパティを**SdkOnly**あるいは**Full**に指定します。デフォルトではSdkOnlyになります。

```
tools/scripts/xabuild samples/HelloWorld/HelloWorld.csproj \
      /p:AndroidSupportedAbis=armeabi-v7a,x86 /t:SignAndroidPackage \
      /v:diag /p:AndroidLinkMode=Full
  (ビルド出力省略)
/sources/xamarin-android$ unzip -l \
      samples/HelloWorld/bin/Debug/com.xamarin.android.helloworld.apk \
      | grep dll
    5632  2016-05-28 16:38    assemblies/HelloWorld.dll
    1272  2016-05-28 16:38    assemblies/HelloWorld.dll.mdb
  175104  2016-05-28 16:38    assemblies/System.dll
  640000  2016-05-28 16:38    assemblies/Mono.Android.dll
   91648  2016-05-28 16:38    assemblies/Java.Interop.dll
   36864  2016-05-28 16:38    assemblies/System.Core.dll
 1820160  2016-05-28 16:38    assemblies/mscorlib.dll
    5120  2016-05-28 16:38    assemblies/System.Runtime.Serialization.dll
```

　アセンブリリンカーはAndroid SDKにおけるproguardに類似する機能であり、動的なオブジェ

第7章　Xamarin.Android SDK解説　（rev. 2017.3）　｜　197

クト生成などは追跡できません。必要な場合はオプションを指定して必要な型を削除しないように
しないと、実行時エラーに陥ることもあるので、注意が必要です（詳しくは製品版Xamarin.Android
のドキュメントを探してみて下さい。本稿ではXamarin.Androidの使い方の詳細は説明しません）。

　もうひとつの重要なポイントとして、デフォルトのReleaseビルドでは、armeabi-v7aのネイティ
ブライブラリのみがパッケージされます。それ以外のABIをターゲットにしたい場合は、ここでも
MSBuildプロパティ **AndroidSupportedAbis** を使用します。

```
tools/scripts/xabuild samples/HelloWorld/HelloWorld.csproj
  /p:AndroidSupportedAbis=armeabi-v7a,x86 /t:SignAndroidPackage /v:diag
```

これで、x86上で実行するためのネイティブライブラリもAPKに追加されます。

```
/sources/xamarin-android$ unzip -l samples/HelloWorld/bin/Debug/
  com.xamarin.android.helloworld.apk
Archive:  samples/HelloWorld/bin/Debug/com.xamarin.android.helloworld.apk
  Length      Date    Time    Name
---------  ---------- -----   ----
  (中略)
   108080  2016-05-28 13:52   lib/armeabi-v7a/libmonodroid.so
 15378280  2016-05-28 13:52   lib/armeabi-v7a/libmonosgen-2.0.so
   544120  2016-05-28 13:52   lib/armeabi-v7a/libmono-profiler-log.so
   157148  2016-05-28 13:52   lib/x86/libmonodroid.so
 16054876  2016-05-28 13:52   lib/x86/libmonosgen-2.0.so
   547788  2016-05-28 13:52   lib/x86/libmono-profiler-log.so
  1128739  2016-05-28 13:52   typemap.jm
  1311385  2016-05-28 13:52   typemap.mj
   579940  2016-05-28 13:52   lib/armeabi-v7a/libgdbserver.so
  1117468  2016-05-28 13:52   lib/x86/libgdbserver.so
---------                     -------
 80245283                     45 files
```

Build ABI Specific APKs

　同一のAPKにパッケージすると、サポートするCPUアーキテクチャに対応するlib/|arch|の分だ
けアプリケーションサイズが増大するので、場合によってはABIごとに別々のAPKを作成する方
が望ましいかもしれません。Xamarin.Androidのドキュメンテーションには、ビルドスクリプトに
よってABI specific APKをビルドする方法が紹介されています[16]。これはrakefileの中でxbuildを
使用しています。これを読んで替わりにxabuildを使用すれば、どのようにバッチビルドが可能にな
るか解ることでしょう。

7.3 Xamarin.Android SDKの仕組み

魔法なんて存在しないのです。

ここまで、主にxamarin-androidの「使い方」に焦点を当てた説明をまとめました。これだけでは
xamarin-androidがなぜ動作するのか、どのような理由でこういう設計になっているのか、といった
事柄を知るには十分ではありません。この節ではxamarin-androidをより深く理解できるよう、設
計について踏み込んで解説します（各節には、ある程度の流れはありますが、それぞれの技術要素
を各論的に論じているため、多少話が飛ぶ部分があります）。

ここからは高度な内容を含む部分が多いので、分からないキーワードなどは調べながら読むこと
をお勧めします。

.NETアプリケーションのホスティング

Xamarin.Androidで作成した.NETのアプリケーションは、一体どのようにしてAndroidプラット
フォーム上で実行できるのでしょうか？まずAndroidに限らず.NETアプリケーションがどのように
アプリケーションとして実行可能なのかを、ざっと説明します。

Monoは.NET Frameworkのオープンソース実装として知られていますが.NET Frameworkは
ECMA CLIの実装のひとつであり、MonoもECMA CLIの実装です。.NETアプリケーショ
ンはECMA CLIで規定する仮想マシン用の命令（CIL）に基づいて構成されたプログラムとなって
います。その中には、プログラムのエントリポイントとして、いわゆるMainメソッドを持っている
もの（EXE）と、そうでないもの（DLL）がありますが、プログラムの呼び出し方はアプリケーショ
ンの実行環境によるもので、重要な違いはありません。

OS上で動作するコンソールアプリケーションやGUIアプリケーションは、EXE形式でそのまま
実行するのが一般的ですが、アプリケーションの種類によっては、実行時の入り口がMainメソッド
ではなく、アプリケーションフレームワークの特定のクラスのメソッドになっていることがありま
す。すなわち、あるアプリケーションが一定のフレームワークに沿って作成されたアプリケーショ
ンを「ホスト」して実行するものです。たとえば、

- JavaのServletや.NETのASP.NET Webアプリケーションであれば、それぞれの仕組みに基づい
  て`application.xml`や`Web.config`で指定されたクラスを（もしあれば）アプリケーション
  のブートストラップに使用し[17]、それぞれのアプリケーションライフサイクル上で実行します。
  Webサーバー自体はコンソールアプリケーションであったり（tomcatやMonoのxspなど）、さ
  らに別のアプリケーションホスティング環境で動くアプリケーションだったりします（IISの
  ASP.NETハンドラなど）。
- Silverlightのブートストラップでは、まずSilverlightを使用するWebページが読み込んだJavaScript
  からブラウザプラグインの機能が初期化されます。プラグインオブジェクトが指定されたアプ
  リケーション（XAPファイル）の中からAppManifest.xmlを読み込んで、その中で指定されてい
  るクラスをアプリケーションのクラスとしてロードし、自身のアプリケーションライフサイク

ル上で実行します。

Windowsで.NETのEXEが直接実行できるワケ

EXE形式のプログラムは、Windowsがネイティブ実行可能形式として規定しているPE/COFFに準拠したバイナリ形式になっています。Windows上では、このEXE形式のプログラムは、あたかもネイティブプログラムであるかのように実行できます。

内部的には、まず.NETランタイムをロードして初期化し、その上で自身に含まれているCILをランタイム上で実行しているのです。.NET Framework以外のランタイムでEXEファイルを実行するには、実行するためのランタイムの呼び出しが必要です。たとえば.NET Coreなら corerun(.exe)、Monoなら mono(.exe) の引数として、EXEファイル名を渡して実行します。これはJavaアプリケーションの実行に java(.exe) が必要であるのと、同じ構図です。

Xamarin.Androidアプリケーションの起動プロセス

Xamarin.Androidアプリケーションは、標準的なAndroidアプリケーションです。標準的なAndroidアプリケーションとは、すなわちAndroidアプリケーションのライフサイクルに従って起動し、アプリケーションループの上で実行するプログラムになっている、ということです。Java言語で作成されたAndroidアプリケーションは自然とこのライフサイクルに従っていますが、同等の制約がAndroid NDKを使用して作成したNativeActivityなどを中心とするアプリケーションについても課せられます。各アプリケーションは、Dalvik仮想マシンあるいはART仮想マシンにおけるZygoteと呼ばれるJavaプロセス上で、Java言語で作成されたアプリケーションクラスのアプリケーションループに則って動作します。

Xamarin.Androidアプリケーションは、ライフサイクルの「早い時点」で.NETのCILコードを実行できるようMonoランタイムをセットアップしなければなりません。これはアプリケーションの AndroidManifest.xml に、Xamarin.Androidが自動的に mono.MonoRuntimeProvider というコンテンツプロバイダの実装を追加することで実現しています。

一般的に AndroidManifest.xml 上で content provider として記述された android.content.ContentProvider の実装クラスは、アプリケーションの初期化の過程でインスタンス化され、attachInfo メソッドが呼びだされ、その後そのアプリケーションを実行している Application あるいは Instrumentation の onCreate メソッドが呼びだされます[18]。

mono.MonoRuntimeProvider クラスは、その attachInfo メソッドのオーバーライドの中でMonoランタイムを初期化します。これはAndroidアプリケーションのブートストラップ処理の中では、十分に「早い時点」で行われているといえます。

アプリケーション起動プロセスとAndroidバージョン間の挙動の違い

アプリケーションループの実行順序がこのようになったのは実のところAndroid 4.0以降なので、Xamarin.Androidの以前のバージョンではAndroid 2.3での動作を保証するために独自のApplicationクラスを使用して、その onCreate メソッドをオーバーライドした上でその中でmonoランタイムを初期化するようにしていました。そうすると開発者独自のApplicationクラスで onCreate メソッドを

200　第7章　Xamarin.Android SDK解説　(rev. 2017.3)

オーバーライドできないという別の問題が発生したため、現在ではAndroid 2.3におけるApplication
起動プロセスは保証しないことにしています。正確にはAndroid 3.xのいずれかのバージョンかもし
れませんが、Android 3.xはソースコードがクローズドであったことと、もはやXamarinのビルド対
象プラットフォームに含まれていないことから、厳密なバージョン検証は行われていません。
‖‖‖

libmonodroid: Monoランタイムと Androidの橋渡し

　Monoランタイムは.NETアプリケーションのホスティングを実現するための組み込みAPI
（embedded API）と呼ばれるCライブラリを提供しています。Xamarin.Androidではlibmonodroid.so
というネイティブライブラリが、これを実現しています。libmonodroidのソースは`xamarin-android`
リポジトリに含まれています。

　実のところlibmonodroidはJNIを使用したJava言語のVMとMonoの橋渡しをしては**いません**。
JNIを経由したMonoオブジェクトとJavaオブジェクトの相互運用はJava.Interopサブモジュール
の中で、java-interopというネイティブコードで実装しています[19]。

Java相互運用：.NETからのJava呼び出し

　JavaとMonoの相互運用はJava.Interop.dllという特殊なライブラリでJNIの機能によって実現し
ています。もともとはMono.Android.dllの中でJNIEnvクラスとして実装していたものです。その
後、実装がMono.Android.dllから独立しました。API安定性はJNIEnvクラスの中に残しつつ実装だ
けを焼き直し、デスクトップからも利用可能なPCL（前述のポータブルクラスライブラリ）として
再構成したものです。

　Java.Interop.dllのソースは、xamarin-androidではなくJava.Interopという独立したリポジトリで
開発されています。xamarin-androidは、これをgit submoduleで取り込んでいます。このリポジト
リの中には、さまざまなDLLのプロジェクトが含まれています。しかし、ほとんどがJavaバイン
ディング生成機構やMSBuildタスクの実装のために存在しており、Java.Interop.dllとは無関係で無
視しても問題ありません（図7.3、図7.4）。

　実際のJNIEnvクラスは、いくつかのステップを経てメソッド呼び出しを行っていますが、詳細
はソースを追いかければ分かるので本稿では省略します。

　Xamarin.Androidにおける.NETからのJava APIの呼び出しは、これらのAPIを呼び出すコード
として、通常は自動生成されます。実際に生成されるコードの流れを辿ってC#コードからJava API
がどのように呼びだされているのか、図7.5で図示します。

Java相互運用: Javaからの.NET呼び出し

　JavaとMonoの相互運用が求められるのは、.NETのコードからJavaを呼び出す場面だけではあ
りません。Xamarin.Androidは標準的なAndroidのアプリケーションのライフサイクルに従って動
作するものであり、たとえばJavaのアプリケーションループからActivityを生成してonCreateメ
ソッドが呼び出される、というかたちで必要になります。

第7章　Xamarin.Android SDK 解説　（rev. 2017.3）　201

図 7.3: Mono.Android.dll の Android.Runtime.JNIEnv クラスの API（抜粋）

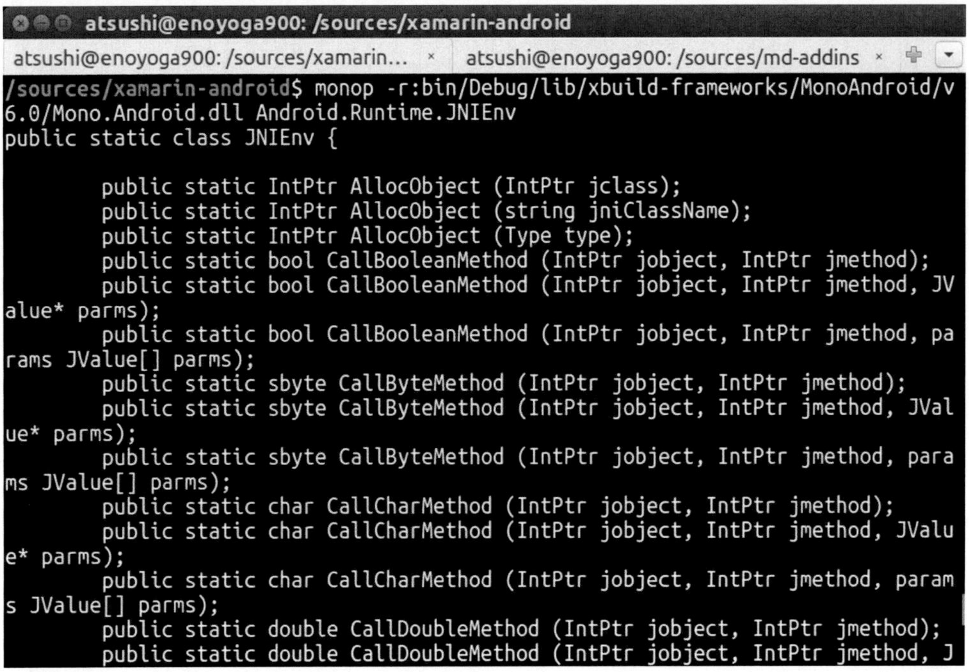

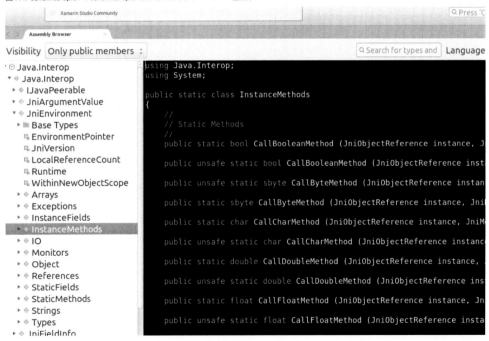

図 7.4: Java.Interop.dll の Java.Interop.JniEnvironment クラスの API（抜粋）

　これを実現するために、Xamarin.AndroidのビルドシステムではC#で定義された Java.Lang.Objectを継承するクラスのそれぞれについて、対応するJavaコードを生成します。Javaコードの中ではC#でオーバーライドされたJavaメソッドについて、対応するJavaメソッ

図 7.5: C#から Android Java API を呼び出す例

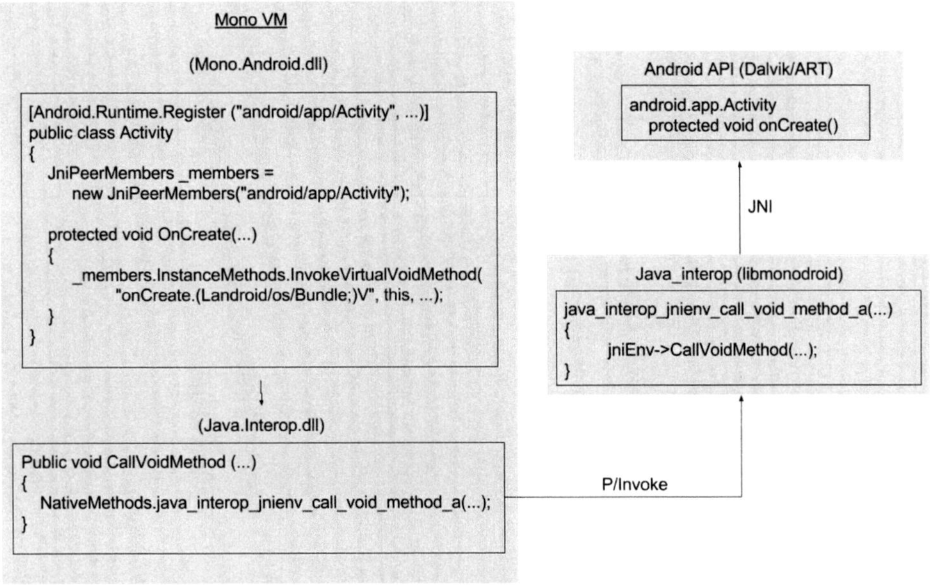

ドのオーバーライドを生成します。その生成した Java メソッドの実装では、JNI を使用した.NET
オブジェクトのメソッドが呼び出されることになります。

　具体的なコードを見たほうが理解が早いでしょうから、図7.6に Java から.NET メソッドを呼び出
す仕組みを示します。

　筆者はたまに「Xamarin.Android では、C#のコードに対応する Java コードが生成される」と説
明することがあるのですが、これを聞くと、Xamarin.Android は C#コードをすべて Java に変換す
るのか、と問い返されることがしばしばあります。そうではないのです。ここで生成されるコード
は、.NET オブジェクトを Java の native メソッドで呼び出すだけのラッパ= wrapper なのです。

MSBuild によるビルド

MSBuild の基礎

　Xamarin.iOS および Xamarin.Android のビルドは、MSBuild の仕組みに則って設計されています。
MSBuild は XML 形式のプロジェクトファイルを前提としており、それ自体は言語にとらわれない汎
用的な仕組みですが、Xamarin がサポートする C#や F#は、典型的には.csproj や.fsproj という
拡張子が用いられます。

　もっとも簡単な MSBuild プロジェクトの例をリスト7.1に挙げます。

リスト 7.1: 最も簡単な MSBuild プロジェクトの例

```xml
<Project xmlns="http://schemas.microsoft.com/developer/msbuild/2003">
  <Target>
    <Message Text="Hello, MSBuild" />
  </Target>
```

第 7 章　Xamarin.Android SDK 解説　（rev. 2017.3）　　203

図 7.6: Java から .NET メソッドを呼び出す例

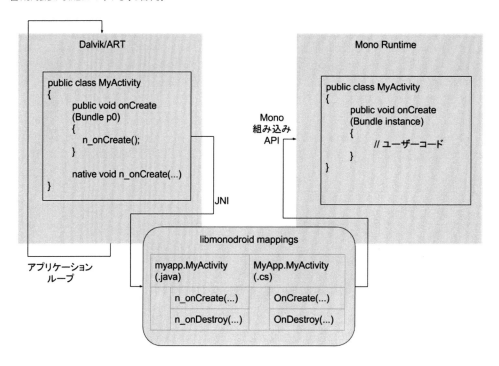

```
</Project>
}
```

このプロジェクトを MSBuild.exe または xbuild でビルドすると Hello MSBuild というメッセージが表示されます。

MSBuild のプロジェクトファイルは、拡張子は何でもよいのですが、C# プロジェクトであれば通常は .csproj が使用されます。C# プロジェクトは通常は C# プロジェクト用の定義ファイルを「インポート」することで作成できます（リスト 7.2）。

リスト 7.2: 最も簡単な C# プロジェクトの例

```
<Project xmlns="http://schemas.microsoft.com/developer/msbuild/2003">
  <ItemGroup>
    <Reference Include="System" />
    <Compile Include="Test.cs" />
  </ItemGroup>

  <Import Project="$(MSBuildBinPath)\Microsoft.CSharp.Targets" />
</Project>
```

MSBuildには、典型的にはプロジェクトごとに指定される内容として、**プロパティ**と**アイテム**があります。この他に、プロジェクトの種類ごとに指定される内容として**ターゲット**があります（最初の例に出てきたTarget要素です）。プロパティの典型的な用途は、プロジェクトのオプションです。アセンブリ名AssemblyNameやデフォルト名前空間RootNamespaceなどは、プロパティとして定義されます。アイテムの典型的な用途は、ソースファイルや参照アセンブリの指定です。通常はファイルですが、参照はアセンブリ名のみになっているのが通常です[20]。

プロジェクトファイルにおけるXamarin.Android拡張サポート指定

AntやGradleにおけるビルド記述ファイル（build.xmlやbuild.gradle）がそうであるように、MSBuildでもプロジェクトファイルの中で、プロジェクトの種類に特化したビルド拡張モジュールをインポートします。Xamarin.Androidのアプリケーションあるいはライブラリのプロジェクトでは、次のような行が存在します。

```
<Import   Project="$(MSBuildExtensionsPath)\Xamarin\Android\
                  Xamarin.Android.CSharp.targets" />
```

1行が長過ぎるのでファイルパスの途中で改行しています。

これはCのソースコードで例えるなら#include <stdio.h>のようなもので、詳しく追求しない人には「おまじない」と言ってしまってもよいのですが、プロジェクトがXamarin.Android用のビルド処理を前提としていることを示します。Androidのbuild.gradleに次の1行が含まれているのと、本質的には同じ意味です。

```
apply plugin: 'com.android.application'
```

Xamarin.Androidのアプリケーションおよびライブラリには、次のような記述も存在しています。

```
<ProjectTypeGuids>{EFBA0AD7-5A72-4C68-AF49-83D382785DCF};
    {FAE04EC0-301F-11D3-BF4B-00C04F79EFBC}</ProjectTypeGuids>
```

これはプロジェクトがC#のXamarin.Androidアプリケーションプロジェクトであることを、**IDEに伝える役割**を担っています。MSBuildをサポートするIDEは、プロジェクトをロードするとき、このProjectTypeGuidsをMSBuildプロパティから探して、その内容に合わせてIDEアドインを有効にすることが期待されています。IDEを使わない場合は、この情報は必要ありません。ただし、この情報がない.csprojファイルはIDEで開けなくなってしまうので、必ず入れておいたほうがよいでしょう。

MSBuildによるXamarin.Android拡張のロード

先ほど、Xamarin.Androidのプロジェクトには、次の行が含まれている、と説明しました。

第7章　Xamarin.Android SDK解説　（rev. 2017.3）　|　205

```
<Import Project="$(MSBuildExtensionsPath)\Xamarin\Android\
               Xamarin.Android.CSharp.targets" />
```

$(MSBuildExtensionsPath)は、**MSBuildExtensionsPath**という名前をもつMSBuildプロパティの値であり、その指定値フォルダの下にある
Xamarin/Android/Xamarin.Android.CSharp.targetsというファイルをインポートすることを指示しています。一般的には、MSBuildプロパティの値はコマンドライン引数/p:や環境変数などで実行時に指定することができますし、プロジェクト ファイルに記述しておくこともできますが、Xamarin.Android SDKの場合は、**tools/scripts/xabuild**というスクリプトで、環境変数として指定されています。そのため、このxabuildスクリプトをxbuildの代わりに使用すれば、Xamarin.Android拡張のパス設定などを考慮する必要がなくなります。

ただし、このxabuildスクリプトは、Xamarin.Android SDK自体にインストール手順がまったく存在しないため、ビルドしたソースツリーの中で呼ばれることが前提となっています。

ビルドされたXamarin.Android SDKの内容

xamarin-androidのビルドが成功すると、binディレクトリ以下にいくつかのディレクトリが生成されます。2017年3月時点ではDebug、BuildDebug、TestDebugが作成されますがDebug以外はSDKを利用する際には不要です。

xamarin-android自身のビルド結果は、次のようなディレクトリ構成になります。長大なリストなので、一部のみ抜粋します。

```
/sources/xamarin-android$ find bin/Debug/
 (中略)
bin/Debug/bin/generator
bin/Debug/bin/mono-symbolicate
 (中略)
bin/Debug/lib/xbuild/Xamarin/Android/Xamarin.Android.Build.Tasks.dll
bin/Debug/lib/xbuild/Xamarin/Android/Xamarin.Android.Common.targets
 (中略)
bin/Debug/lib/xbuild/Xamarin/Android/lib/armeabi-v7a/libmonosgen-2.0.so
bin/Debug/lib/xbuild/Xamarin/Android/lib/armeabi-v7a/
libmono-android.debug.so
 (中略)
bin/Debug/lib/xbuild/Xamarin/Android/lib/host-Linux/libmonosgen-2.0.so
 (中略)
bin/Debug/lib/mandroid/class-parse.exe
bin/Debug/lib/mandroid/generator.exe
 (中略)
bin/Debug/lib/xbuild-frameworks/MonoAndroid/v1.0/System.dll
```

```
bin/Debug/lib/xbuild-frameworks/MonoAndroid/v1.0/mscorlib.dll
bin/Debug/lib/xbuild-frameworks/MonoAndroid/v1.0/Facades
bin/Debug/lib/xbuild-frameworks/MonoAndroid/v1.0/Facades/System.IO.dll
 （中略）
bin/Debug/lib/xbuild-frameworks/MonoAndroid/v7.1/mono.android.jar
bin/Debug/lib/xbuild-frameworks/MonoAndroid/v7.1/Mono.Android.dll
 （中略）
```

　xbuildディレクトリはMSBuildのXamarin.Android拡張が格納されたディレクトリになります。サブディレクトリにXamarin/Androidとありますが、たとえばXamarin.iOS SDKもビルドした場合は、Xamarin/iOSディレクトリも作成されます。

　xbuild-frameworksディレクトリはxbuildが参照するフレームワークを格納するMonoの一般的なディレクトリです。Xamarin.Androidのフレームワーク識別子は**MonoAndroid**になります[21]。

　このMonoAndroid以下に、Android API Levelに沿ったディレクトリが作成されます。Android 6.0（API Level 23）ならv6.0という名前になります。Android NがPreviewだったときはv6.0.99となっていました[22]。ちなみにv1.0は、API Levelに依存しないアセンブリのディレクトリとなります。.NETのシステムアセンブリのMono.Posixなどが含まれます。またv1.0ディレクトリの下にFacadesというサブディレクトリがありますが、ここにはPCLを使うために必要なファサードアセンブリが含まれます。

　最後にlib/mandroidディレクトリには、このあとで説明するJavaバインディング生成機構で使用されるツールやライブラリなどが格納されています。

Android用MSBuildのタスクが行っているその他の処理

　Xamarin.Androidには、これらの他にも標準的なAndroidのビルドでは行われない、不思議に見えるかもしれない細かいMSBuildタスクがいくつかあります。ここでは、それらを落ち穂拾いのようなかたちで紹介します。

（1）　GenerateResourceDesignerタスク

　Androidリソースをプロジェクトに追加するとResourceクラスに対して該当するリソースの種類メンバーにファイル名をIDとするリソースメンバーが追加され、`Resource.Layout.Main`のような式でアクセスできるようになります。このメンバー名は、プロジェクトに追加されたファイル名から生成されます。

　一方でJavaのAndroid SDKにおけるリソースのファイル名に関する規則は厳密です。たとえばファイル名には小文字、'_'、数字など、限られた文字しか使えません。これはファイル名に依存する処理を、さまざまな開発環境で一貫性のあるかたちで実現するために必要な制限です。Xamarin.Androidでは、いったんリソースファイルを別のディレクトリにコピーしてファイル名も「正規化」します。

　Androidアプリケーションにはresources.arscというリソース情報定義ファイルが含まれます。これを生成するために、Xamarin.AndroidのMSBuildタスクでは一旦Android SDKの**aapt**ツールを呼び出します。aaptはresources.arscを生成すると同時に`R.java`というソースファイルも生成しま

第7章　Xamarin.Android SDK 解説　（rev. 2017.3）　｜　207

す。この中には、擬似乱数のように生成された整数がリソースIDを示す識別子として定義されています。

　C#またはF#のResourceクラスはR.javaの内容を反映するかたちで自動生成されます。自動生成の際に元のファイル名が考慮されるため、C#やF#のコードからは大文字のメンバーが参照できるようになるのです。

（2）　AndroidManifest.xmlの要素の自動生成

　Xamarin.Androidの特徴のひとつは、コード中で適切なC#属性を使用していれば、AndroidManifest.xmlを手書きで作成しなくてもよいということです。

　これを実現するためにMSBuildタスクでは、コード中で使用されているActivityやUsesPermissionといった属性を検索して、その内容から対応するAndroidManifestの要素を自動生成し、最終的なAndroidManifest.xmlの内容に追加します。

（3）　.NETコードのリンクとproguard

　Xamarin.Androidの標準ライブラリであるMono.Android.dllは30MBにもなろうという膨大なものですが、その大部分は通常は使用されないことでしょう。リリースビルドにおいて不要なコードは、削除するのが妥当です。JavaのAndroidアプリケーションではproguardというツールがこれを実現しますが、Xamarin.Androidでは同様のコード削除機能を実装したMono LinkerというツールがMSBuildタスクの一部として組み込まれています。

　リンカーの基本的な動作はガベージコレクションのマーク＆スイープに近いものです。アプリケーションのエントリポイントから参照されるコードをマーキングしていき、マークされなかったコードを削除します。この際、エントリポイントとなりうるメソッドは実のところ数多く存在するのが重要な問題です。Main関数の内容からマークしていく、というような単純な話ではなく、Androidアプリケーションのライフサイクルに従って呼び出される可能性のある、すべてのコードがエントリポイントとなるためです。

　ちなみにproguardを使用してJavaコードを削除する際にも、Javaバインディングライブラリ（.NETのコード）がリンクされずにこのエントリポイントが大量に残っていると、やはりコードの削除が効率的に行われないことになります。これは高度な問題であり、かつXamarin.Android SDKに限らない話題なので、ここでは詳細を論じません。

Javaバインディング生成機構

　そろそろこの詳説も終盤に差し掛かりました。ここではJavaバインディング生成機構について説明します。Javaバインディング生成機構は、Mono.Android.dllを生成しているという意味ではSDKの根幹を成す機能です。同時に**任意の**Javaライブラリに対するバインディングAPIの作成を、現実的に可能にする存在としても重要なものです。

　Javaバインディングライブラリの存在意義は、Java.Interop.dllのJNI呼び出し（正確にはラップしたMono.Android.dllのAPI）を活用したJava API呼び出しの自動化です。理論上は、同等の機能をJava.Interop.dllを使用するだけでも実現できます。ただ、生成されるコードの量は膨大なので、基本的に自動生成で済ませるべきものです。

バインディングライブラリをビルドできるようにするためには、相応のテクニックが必要になりますが、本稿はXamarin.Androidの「使い方」を説明するものではないため、この話題には踏み込みません。本稿に関連して重要なのは「Javaバインディングがどのように生成されているか」です。

バインディング生成処理の流れ

Javaバインディングライブラリの内部的なビルド手順は、通常のライブラリプロジェクトとは大きく異なります。これは、次の手順で行われます（Xamarin.Androidの内部的なビルド手順であり、Xamarin.Androidのビルドタスクが自動的に行うものです）。

1．Javaライブラリからの API 定義抽出
2．API 定義に対する修正の適用
3．修正された API 定義からの C# ソースコードの生成
4．生成された C# ソースのビルド

まず、入力となるJavaライブラリ（jarあるいはaar）に含まれるクラスファイルを読み込んで、後述の**jar2xml**あるいは**class-parse**というツールを使用して、API定義を抽出して、いったんXML形式で生成します。この手順が存在する理由はふたつあります。

ひとつは3番目の手順で登場するC#ソースコードのジェネレータである**generator.exe**が、もともとはAOSP（Android Open Source Project）に含まれていたXMLのAPI定義ファイルを入力としていたためです。

もうひとつは2番目の手順で抽出されたAPIに対して修正を適用する方法が、「APIを定義したXMLの修正対象要素をXPathでクエリして、発見したノードそれぞれについて、指定された修正を適用する」という方式になっているため、互換性を維持する目的でも必要としています。ツール上の実装としては、今はgenerator.exeの一部として、この手順は存在しています。

ともあれAPI定義XMLを生成、修正を適用するとgenerator.exeがXMLツリー内容をもとに、JavaのAPIが仮想的に構築してC#のAPIを生成します。詳細については後述します。

最後の手順はC#コンパイラを呼び出すだけであり、その処理は自明なので省略します。

jar2xmlとclass-parse（とapi-xml-adjuster）
xamarin-androidには、Java APIを抽出するツールが2組あります。

・jar2xml
・class-parse と api-xml-adjuster

jar2xmlはJavaで書かれたAPI定義抽出ツールで、JavaリフレクションAPIとバイトコードパーサasmを組み合わせて利用しています。class-parseとapi-xml-adjusterはC#/.NETで書かれています。どちらを採用しても得られるものはAPI定義XMLで目的も同等ですが、前者はいずれ後者に取って代わられる予定です。

なぜjar2xmlが置き換えられるのかというと、jar2xmlでは、それ自身を動かしているJavaランタイムが、リフレクションで取得できるJavaのAPIを抽出対象のandroid.jarからではなく、実行中のJava VMが前提とするrt.jarから取得した内容で返してしまうためです。結果的に、java.*名前空間にあるクラスにandroid.jarに存在しないはずのメソッドが（rt.jarから抽出された結果として）出

現してしまいます（図7.7）。

図7.7: jar2xml vs. class-parse

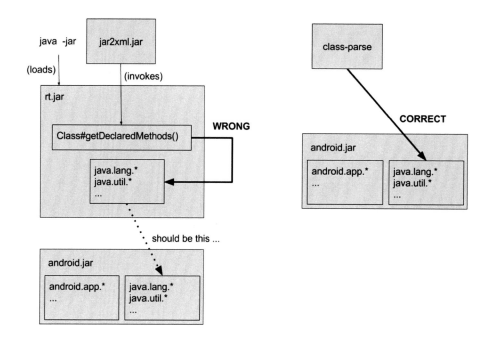

この問題を解決するためにXamarin.Android開発チームは、バイトコードパーサをC#/.NETで作成することにしました。asmを使用しても目的は実現できたはずですがJavaのコードは書きたくなかったということでしょう。

もっとも、単なるバイトコードパーサでは型の継承関係が解決できません。そのためにjar2xmlではJavaリフレクションを使っていたのです。.NETでもSystem.ReflectionのAPIを使えば継承関係は解決できますが、バイトコード解析ライブラリであるMono.CecilのAPIを代わりに使っても、継承関係は解決できません。これではjar2xml互換のAPI定義XMLが生成できません。

そのため、api-xml-analyzerというツールが型の相関関係のグラフを独自に作成した上で、従来のAPI定義XMLと同様の内容を生成するようにしています。従来のXMLと互換性が無いと次にAPI定義を修正するステップが機能しなくなってしまうためです[23]。

generator.exe

generator.exeは上記のAPI定義XMLとAPI修正定義XML、さらに参照DLLを入力として渡され、それらをもとにそのJava APIを呼び出すためのC#のコードを生成します。F#のコードは生成しません。

参照DLLにはJava APIバインディングが含まれていることが想定されています[24]。これは、あるJavaライブラリAを参照する別のライブラリBのバインディングを生成する時、Aのバインディ

ング API の情報が必要になるためです。Java ライブラリを渡されただけでは、API 修正がどのように行われたか分からずバインディング上に存在しないクラスを参照する、見当違いなことにもなります。

JavaとC#は、もともとC#/.NETがJavaの代替として開発されてきた側面が強いこともあって、かなり類似した構造になっています。しかし、ジェネリクスの扱いや継承関係にかかる制約など相違点もあり、コードの自動生成に際しては API 定義の修正が高頻度で求められてきます。

この問題は、Xamarin.Android 製品版と同様ですし、長大な議論になるので本稿では取り扱わないことにします。

Mono.Android.dll の特別なビルド手順

Mono.Android.dll は、一般的な Java バインディングライブラリとは、少なからずビルド手順が異なります。

ひとつには Mono.Android.dll は API Level の数だけビルドされなければならない、ということがあります。そして、それぞれの API Level の間で、メンバーがあったものが消えたりすると、実行時にメンバー解決エラーが発生して、ややこしいことになってしまいます。そこで Xamarin.Android では api-merge というツールを使用して、ビルド対象となる API Level より前の API のメンバーをすべて拾い上げます。もし消滅したメソッドがあったら（たとえば、派生クラスで定義されていたメソッドが基底クラスに移動したら）、メンバー呼び出しを調整して、実行時エラーとならないようにします。api-merge は、対象となる API 定義 XML をすべて読み込んで、メンバーを補完して「統合された」XML を生成します。

また android.jar の API は膨大で、これを API Level ごとに生成したり、通常の Java バインディングのプロジェクトとして処理したりすると、無駄に長大な時間がかかってしまう、という問題があります。このため xamarin-android には、最初から生成済みの API 定義 XML が git に格納されています。ちなみに生成には新しい方のツール（class-parse と api-xml-adjuster）が用いられています[25]。

Mono.Android.dll の ビ ル ド で も う ひ と つ 特 殊 な の は 、API 修 正 定 義 が XML（`src/Mono.Android/metadata`）と CSV（`src/Mono.Android/map.csv` と `src/Mono.Android/methodmap.csv`）の 2 種類で存在している点です。CSV 書式は公開されていないのですが、Mono.Android.dll の修正内容は膨大なので、XML は CSV から generator.exe で内部的に自動生成します[26]。

API ドキュメントの取り込み

Java バインディングライブラリの最後のステップは、Javadoc からの API ドキュメントの自動生成です。これには `mdoc` というツールと `javadoc-to-mdoc` というツールが用いられています。バインディングプロジェクトには `BuildDocumentation` という内部タスクが存在しており、これは次の処理を順に行います。

1. `mdoc` が Java バインディングの .NET アセンブリから monodoc という形式でドキュメントの形式的な部分を自動生成する
2. 次に `javadoc-to-mdoc` が指定された Javadoc あるいは DroidDoc の HTML ドキュメントをスクレ

イプしてmonodocドキュメントに内容を埋め込む

3．mdocがC#のXMLドキュメンテーションフォーマット（csc /docの出力）に変換する

これでドキュメントが生成されれば、あとはそのバインディングライブラリを参照して使用した時に、IDEがドキュメントを表示してくれるようになるはずです。

最後に

最後の内部解説は簡潔な説明や省略が多くなってしまいましたがXamarin.Androidの基礎、Xamarin.Android SDKのビルド方法および使用方法と合わせて、Xamarin.Android SDKについて説明しておくべきことを、それなりに説明できたのではないでしょうか。本稿がXamarin.Androidを真に自由なソフトウェア環境でも使えるようになる、最初の一歩の助けとなれば幸いです。

---

1. 以降、特にF#については言及しませんが、特に断りがない限りC#でできると書いていることはF#でもできるものとして読んでください

2. なお、Xamarin Studioとは別のブランディングとしてVisual Studio for MacがリリースされていますがXamarin.AndroidをサポートするIDEとしての両者のコードベースに違いは無いため、以降もVisual Studio for Macについては言及しません。

3. SwiftのAndroidサポートがどのようにリリースされるかは、本章執筆時点では不明です

4. GroovyやScalaやKotlinはアプリケーションにあらためてJVMを含めることはありません。しかし言語ランタイムとなるライブラリは含める必要があるので、この分類に含めています

5. 2016年2月にdisconとなったようです

6. 詳しくはreified genericsというキーワードで調べてみてください

7. NativeScriptのソースコードをチェックアウトして、tns-platform-declarationsというディレクトリを見てみると、プラットフォームAPIのTypeScript定義がひととおり含まれているのが見えます。

8. ただしAndroidが提供するJNI相当のAPIを実行できるのはDalvikあるいはARTというJava VMそのものではない仮想マシンにおいてです

9. ただし、すべてのAPI Levelをカバーしているわけではありません

10. ちなみにバインディングライブラリのソース生成はC#のみです。F#からJavaバインディングライブラリを「使用する」ことはできます

11. https://msdn.microsoft.com/ja-jp/library/ms229042%28v=vs.100%29.aspx

12. 詳しくはreified genericsというキーワードを調べてみるとよいでしょう。ちなみに、Android.Widget.BaseAdapterにはジェネリック型もありますが、これは手作業で作成されています。

13. 主に名前がListenerで終わるかどうかで判断されます

14. Mono 4.8のリリースからは、プラットフォームによっては、Microsoftがオープンソース化したMSBuildをクロスプラットフォーム化したバージョンのmsbuildが、パッケージに含まれています。

15. 2017年3月時点ではmasterへの変更およびpull requestに対してJenkinsサーバーが用意されており、ビルドのクオリティは担保されています。

16. https://developer.xamarin.com/guides/android/advanced_topics/build-abi-specific-apks/

17. 何も特記されていなければ、各HTTPランタイムのデフォルトのクラスを使用します

18. GoogleのFirebaseも同様の手段で初期化を行っています。詳しくはhttps://firebase.googleblog.com/2016/12/how-does-firebase-initialize-on-android.htmlを参照してください。

19. 正確には、このlibmonodroid.soの中にjava-interopのコードが静的リンクされて入っています

20. HintPathというメタデータが記述されることもあります

21. PCLでXamarin.Androidを指定したことがある人は、この識別名に見覚えがあるかもしれません

22. ひとつだけ例外があって、API Level 10はv2.3というディレクトリになっています（Android 2.3のAPI Levelは9です）

23. ライブラリ開発者がメタデータ修正定義で指定したXPath式が同じノード集合を返すようになっていないと、ツールチェインをjar2xmlからclass-parseに変更しただけで、ライブラリが壊れてしまいます

24. Java APIバインディングが含まれていない参照DLLを渡されても、バインディングがないのですから、そのAPIが使われることはないでしょう

25. Mono.Android.dllのAPI定義XMLは`src/Mono.Android/Profiles`以下に格納されていますが、これらのファイルは2017年3月にOSSに取り込まれた`tools/api-xml-adjuster`ディレクトリにあるMakefileで更新できます。

26. CSVは安定的な書式を規定できないので、この仕様は後方互換性を保証しない意味で公開されていません

第8章　Monoでモノのインターネットを目指す

本章ではXamarinの基盤を担うMonoに焦点を当てます。MonoはPCやモバイルの幅広い環境で動作しますが、さすがにメインメモリが1MB未満の組み込み環境での動作は考慮されていません。これらの環境でMonoを動作させるにはどのような方法があるのか、いくつかの視点から検討してみます。

なお、makeコマンドを用いたビルドやCでのプログラミングに馴染みがあると読み進めやすいはずです。

8.1　Mono: クロスプラットフォーム動作する.NET環境

MonoはWindows、Linux、macOSといった複数のOSをサポートする.NET実行環境です。多彩なOSのサポートにとどまらず、CPUアーキテクチャの面でもx86/x64はもちろん、ARM（32/64bit）、MIPS、PowerPC、SPARC、S/390などを幅広くサポートします[1]。

8.2　モバイル環境で多く使われるMono

Monoランタイムは、近年Xamarinプラットフォームの一部としてモバイル環境のiOS/Androidで幅広く利用されています。これらの環境は、おおむねクアッドコア1.5GHz程度のARMアーキテクチャCPUに2GB〜4GBメモリという、数年前のミドルレンジPC並みに強力なCPUとメモリを搭載しています。消費電力と発熱さえ気にしなければ、かなり大規模な計算処理を実用的なスピードでこなせる性能です。

8.3　もっと貧弱な環境でもMonoを使いたい

ARM系CPUを搭載した小型ボードとして人気のRaspberry Piシリーズは、前述のモバイル端末に近い構成要素から成ります。1GHz前後のCPUに512MB〜1GBのメモリを搭載する、とてもリッチな環境です。フル機能の.NET FrameworkやMono、あるいはフル機能のJavaランタイムなどを十分な性能で実行できます。

さて、Raspberry Piよりも性能が2桁ほど低い組み込みボードでは勝手が異なります。数十MHz動作のCPU、数百KBのメモリという世界ではフル機能の.NET FrameworkやJavaランタイムを実行できません。Javaの組み込み用のプロファイルとしてJava ME（Micro Edition）が存在することは有名です。.NETにも組み込み用のものとして.NET Micro Frameworkが存在します。.NET Micro Frameworkを採用する組み込みボードとして有名なものにNetduinoがあります。

最新版のNetduino Plus 2はすでに国内販売元での取り扱いが終了していますが、168MHzのARM

Cortex-M4 CPUに384KBのコード格納メモリ、そして100KB少々のメインメモリという構成でした[2]。

　.NET Micro Frameworkは長くメンテナンスされていません。このため、組み込みボードにおける.NET利用という文脈は、現在ではWindows 10 IoT CoreをインストールしたRaspberry Pi 2の上で.NET Frameworkを利用するのがメインです。

　しかしどうにも悲しい気がするのです。モノのインターネット時代には、Monoも組み込み環境で動かしたいところです[3]。

　Monoプロジェクトのフットプリント（消費リソース）に関するドキュメント（http://www.mono-project.com/docs/compiling-mono/small-footprint/）にはシンプルなアプリケーションで2MB程度の書き込み可能メモリ、5MB程度の読み込み専用メモリが必要と書かれています。機能を削ることでさらに消費量を減らせそうですが、一体どこまで減らせるのか気になります。

8.4　省電力組み込みチップESP32上でMonoを動かしたい

　本章ではまずフルセットのMonoの構造を簡単に解説します。そして、どの部分をどのように削り落とすことで、実用性を維持しつつ最小限のセットまで削減できるのかをいろいろな角度から調べていきます。

　漫然と機能を削っていくのは退屈なので、目標を定めます。今回は、Wi-FiとBluetooth 4.2をサポートする組み込み向け省電力統合チップ（SoC）であるESP32でのMono実行を目指します。より正確には、ESP32を中核として外部フラッシュメモリや通信用のアンテナを搭載し、日本の電波法にも適合するESP-WROOM-32というボードをターゲットとします。

　参考のために、Raspberry Piシリーズのなかでも近い位置づけのRaspberry Pi Zero WとESP-WROOM-32の簡単なスペック比較を表8.1に示します。ESP-WROOM-32は単体でCPU・メモリ・Wi-FiやBluetooth用の通信アンテナまで内蔵する、いわば「全部入り」の組み込み向けボードです。その反面、内蔵RAM容量とROM容量がかなり少ないことが解ります[4]。

表8.1: Raspberry Pi Zero W と ESP-WROOM-32 の簡単なスペック比較

要素	Raspberry Pi Zero W	ESP-WROOM-32
CPUアーキテクチャ	ARMv6Z	Xtensa LX6
最大CPU動作クロック	1GHz	240MHz
CPUコア数	1	2
RAM容量	DRAM 512MB	SRAM 520KB
ROM容量	microSDカード次第（数GB〜）	4MB
ボード外寸	3.0cm x 6.5cm	1.8cm x 2.6cm
通信	Wi-Fi/Bluetooth 4.1	Wi-Fi/Bluetooth 4.2

　本章はESP-WROOM-32上でMonoを実行し、C#のコードを利用してI/Oポートから読み取ったセンサーの値を適宜蓄積、Wi-Fi経由またはBluetooth経由でデータを送信できる状態をゴールとします。

ESP32上で動作するプログラムは人気のArduino IDEで開発できますが、下回りのOSレイヤはオープンソースの組み込み向けリアルタイムOS（RTOS）であるFreeRTOSのカスタム版を利用しています。そしてArduinoレイヤを利用せずにOS上で直接プログラムを実行することもできます。つまり本章の着地目標点はLX6 CPU上で動作するFreeRTOSでのMono実行です。

FreeRTOSは今後も幅広い組み込みエリアで利用されると見込まれており、それらの環境への移植にも本章が役立てば幸いです。

ESP32ではRubyの組み込み用サブセットであるmrubyや、同Python系のmicropythonの動作実績があります。フルセットの.NET環境をこの土俵に乗せるのは困難ですが、機能を絞り込むことで現実的な移植が可能なSoCだと考えられます。

本章のところどころで、ESP32およびESP-WROOM-32ボードに固有の事情を補足していきます。あまり組み込み系の知識が無くても読み進められるはずです。

8.5 Monoランタイムの実行に必要なリソース

Monoランタイムをコンパクト化して組み込み向けのボードへ詰め込むためには、まずMonoランタイムがどのようなリソースをどの程度利用するのかを知る必要があります。

通常、アプリケーションの実行に必要なリソースは次のとおりです（図8.1）。PC環境ではプログラムや定数もRAM上へ読み込んで利用しますが、組み込み環境で特にRAM容量が少ない場合はROMから直接プログラムを実行することが多いです。

図8.1: RAM容量の少ない組み込み環境でのアプリケーション実行に必要なリソース

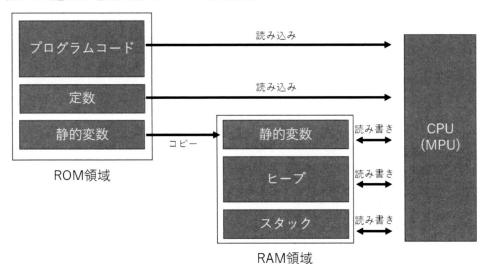

・プログラムを格納するメモリ（ROM領域）
・実行用にプログラムをロードするメモリ
　○コード（テキスト）セクション（ROM領域またはRAM領域）
　○定数（ROM領域）

○静的変数（RAM領域）
・プログラム実行中に利用するメモリ（RAM領域）
　　○関数実行用のスタック領域
　　　●スタックに保持される動的変数
　　○メモリアロケータからの割り当てを受けるヒープ領域

　実際にそれぞれの領域がどの程度の容量を使うのか、そしてそれらを削る余地はあるのかを調べるのが本章のメイントピックです。

8.6　リソース消費量の計測用にMonoをビルドする

　リソース消費量を確認するのに先立ち、Mono環境一式をビルドします。

　動作目標のESP32は、Xtensa LX6というRISC系の32-bit CPUを搭載します。Monoのリソース消費量を正確に把握するためには、なるべくターゲットに近い構成のARMやMIPS 32bit環境向けのMonoをビルドすべきですが、今回は検証環境の都合で一般的なx86-64 Linux向けのMonoをビルドすることにしました[5]。これにより32bit環境と比較してポインタ格納に必要なメモリ量が増えること、命令長が伸びてバイナリサイズが膨らむこと、利用可能なレジスタ本数が増えるためスタック操作命令が減ること、など調査結果の正確性を低下させる副作用があります。このため、Monoランタイムとライブラリ全体のリソース消費傾向を掴んだら、早めにLX6やARM向けのバイナリとそれにもとづいたプロファイル情報の取得を進めるべきです。

Monoのビルド環境構築とシンプルなビルド確認

　前述のように、今回はx86-64ターゲットのLinux上でMonoをビルドします。まずはビルド環境の整備と動作確認のために、Monoをデフォルトのビルドオプションでビルド[6]し、簡単に動作を確認します。

　ビルド手順はhttp://www.mono-project.com/docs/compiling-mono/linux/にあるMono公式ドキュメントのとおりなので詳細は省きます。cmake、libtool、autoconf、automake、build-essentialなど、ドキュメントにしたがって必要パッケージを導入し、https://github.com/mono/mono/リポジトリをcloneしたディレクトリでautogen.shを実行します。

　ビルド環境によりますが、フルビルドには数十分程度かかります。デフォルト構成のビルドが失敗するようではその先がまったく前へ進まないので、この段階でエラーが出たら丁寧に解決しておくのが重要です。

　make install作業まで無事に終了したら、ビルドしたコンパイラを利用して.csファイルから.exeへのコンパイルを試したり、それを**mono**コマンドで問題なく実行できることを確認します。

クラスライブラリビルドを除外してMonoのビルド時間を短縮

　最適なビルドオプションを見つけるためにMonoのフルビルドを数回おこなうと、クラスライブラリのビルドに多くの時間がかかると気づくでしょう。この処理をスキップしてビルド時間を短縮したいところです。

216　　第8章　Monoでモノのインターネットを目指す

これはconfigureスクリプトに**--disable-mcs-build**というオプションを渡すと実現できます。

クラスライブラリのビルドをスキップすると、当然ビルド結果のMonoを利用してクラスライブラリ一式をコンパイルできるか否かが不明なコンパイラ・ランタイムが生成されます。このため、ある程度ビルドオプションを追い込めた段階でクラスライブラリもビルドし、コンパイルが通るか、通らない場合はそれが意図したものなのかを確認しておくとよいでしょう。

8.7　組み込み環境向けのMonoランタイム

次の節からいよいよ容量削減策を講じていきますが、その前に組み込み環境でMonoランタイムを実行するうえでの注意点を紹介します。

組み込み環境でMonoを利用する場合、基本的にOSのシェルから**mono**コマンドを実行してプログラムを走らせる、というわけではありません[7]。Monoでは、Monoランタイム自体を任意のCプログラムに組み込んで実行する方法が提供されています。この仕組みを利用すると、**mono**コマンドを起点とするよりも圧倒的に手軽かつ効率よく組み込み環境へMonoを持ち込めます。

Monoの通常利用時にはほとんど触ることがない仕組みなので、ここで実際の組み込み手順を紹介します。

Monoランタイムを組み込んだバイナリの作成

Monoのソースツリー内の**samples/embed/**にMonoランタイムを実行ファイルへ組み込んで利用するサンプルがあるので、ここを出発地点にしましょう。**teste.c**というファイル内にMonoランタイムを組み込んで実行する処理があります[8]。

```
$ ls mono/samples/embed/
invoke.cs  test-invoke.c  test-metadata.c  test.cs  teste.c
```

このサンプルには、C#側のコードとホストプロセス間で関数を呼び出す仕組が含まれており、今後の参考になります。コードのおおまかな流れは次のとおりです。

- mono_jit_init関数でアプリケーションドメインを作成
- mono_add_internal_call関数でC#側から呼び出せるInternalCall（ランタイム関数）を登録
- mono_domain_assembly_open関数でアセンブリを取得
- mono_jit_exec関数で対象アセンブリ内のエントリポイントを探して実行
- 前述の処理が終了したら終了コードを取得してドメインを解放

サンプルのビルドにはMonoのヘッダファイルとライブラリ参照が必要です。次のように**pkg-config**コマンドを利用するのが便利です。

```
$ gcc -o teste teste.c 'pkg-config --cflags --libs mono-2'
```

ここで**pkg-config**コマンド部分を展開すると次のようになります。標準以外のディレクトリにインストールしたMonoランタイムを組み込みたい場合は、当該ディレクトリを手動で指定してください。

```
$ gcc -o teste teste.c -D_REENTRANT
-I/usr/local/lib/pkgconfig/../../include/ \
    mono-2.0  -L/usr/local/lib/pkgconfig/../../lib -lmono-2.0 \
    -lm -lrt -ldl -lpthread
```

生成された**teste**バイナリの実行時パラメータに**mcs test.cs**コマンドで生成した.NETアセンブリを渡すと、その中に含まれる.NETコード（CIL）を実行できます。

```
$ ./teste test.exe
All your monos are belong to us!
custom malloc calls = 0
```

C#コード中に書かれたCコード呼び出しも問題なくおこなわれています。ここでMonoランタイムを静的リンクした場合、単体で実行できる3MB弱のバイナリファイルが生成されました。

Monoランタイム以外にも必要なROM/RAM領域

Monoでプログラムを実行するためには、前述の容量に加えてマルチスレッド処理用のpthreadをはじめとするライブラリが必要です。また、ここで作ったtesteバイナリには、.NETコードの実行に必要な最低限のクラスライブラリであるmscorlib.dllが含まれません。これらの格納にもROM領域が必要です。

本章の目的は、ESP-WROOM-32（520KB RAM・4MB ROM環境）でMonoランタイムを動作させて最小限のC#コードを実行することです。このためにMono本体のビルドオプションと自前のパッチによって消費ROM/RAM領域を削り、標準クラスライブラリも可能な限り削減します。

今回の範囲ではあまり言及しませんが、消費リソースを削減していくうえで、必須ライブラリは動的リンクするのか静的リンクするのか、プログラムコードの実行方法が複数存在する[9]場合はどれを選択するか、というターゲットの最終像を意識していくのが重要です。

ARM環境用のMonoランタイムをx86-64環境でビルドする

x86-64環境でARM環境用のMonoランタイムをビルドするためには、クロスコンパイル用ツールセットが必要です。このツールキットを用意するためのツールとして、近年はcrosstool-NG（http://crosstool-ng.org/）がポピュラーです。crosstool-NGを使ったクロスコンパイル環境の構築手順はhttps://blog.kyang.info/2016/06/centos7-ct-ng-arm/の記述が分かりやすいので、参考にしてみてください。

筆者の環境では、**arm-unknown-linux-gnueabi**をターゲットとするツールセットを構築し、次のようにMonoをビルドしました。

```
#!/bin/sh

CROSS_PATH=~/x-tools/arm-unknown-linux-gnueabi/bin
TARGET_DIR=/usr/local/mono-34

TMP_PATH=$CROSS_PATH:$PATH

PATH=$TMP_PATH \
 && PREFIX=$TARGET_DIR \
 && ./configure --host=arm-unknown-linux-gnueabi
--enable-minimal=profiler,
pinvoke,debug,appdomains,verifier, large_code,logging,com,ssa,
attach,simd,
soft_debug,perfcounters,normalization,assembly_remapping,
shared_perfcounters,remoting --disable-boehm --prefix=$PREFIX
--enable-small-config --disable-mcs-build \
 && make -j4 CFLAGS=-Os \
 && sudo PATH=$TMP_PATH make install \
 && sudo chown -R muo:muo $TARGET_DIR
```

8.8　Monoランタイムの構造を読解する

いよいよ本題です。Monoランタイムを起動した直後にどのような処理が実行されるかを把握し、メモリ削減の余地を探ります。

Monoランタイムを起動すると、まずランタイム内部の管理領域初期化実行対象アセンブリの検索・読み込みといった最低限の実行準備を整えたうえで、実行対象アセンブリのエントリポイントから順にクラスをロードしていきます。このなかで標準クラスライブラリも読み込まれます。

Monoのソースコードは膨大です。全体を詳細に把握するにはかなりの時間がかかります。短時間で全体像を掴むために、Windowsを利用している方はVisual Studio 2015（VS2015）Community版をインストールしてコードを読むことをお勧めします（図8.2）[10]。

VS2015でMonoのソースコードを追いかける場合、**mono/msvc/**ディレクトリ内の**mono.sln**を開くとよいでしょう。GitHubからmonoリポジトリをcloneしてきた状態で、ほとんどの部分を問題なく読み進められます。ただし、この状態ではビルド条件にあわせた設定情報を保持する**config.h**ファイルが存在しません。このためエディタ上で部分的にシンボル未定義のエラーが表示されたり、#ifdefによって条件付きで有効化されるコードが無効状態のまま読み進めることになります。

第8章　Monoでモノのインターネットを目指す　219

図8.2: VS2015でMonoリポジトリ内のソリューションを開いたところ

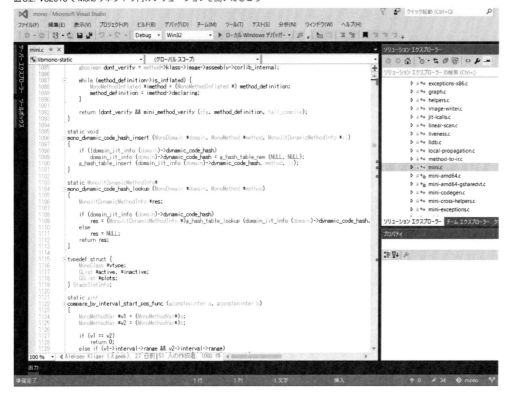

8.9 Monoランタイム起動直後の処理

　Monoがどの部分でどの程度のリソースを消費しているかを知るためには、Monoランタイムのコードを読み解く必要があります。ランタイムの起動部分を把握するとコード全体を追いやすくなるので、ここで簡単に起動直後の処理フローを紹介します。

　ランタイムの起点は**mono/mini/**ディレクトリの**main.c**ですが、ランタイム起動直後の処理中枢は同ディレクトリの**driver.c**です。ここではまずmono_main関数が.NETアセンブリの実行前にコマンドラインパラメータの解釈をおこない、適切な内部状態を設定します。そして、同ファイル内のmain_thread_handler関数へ制御を移します。

　この関数内では、.NETから見たアプリケーション空間である「アプリケーションドメイン」を生成します（処理実体は**mono/metadata/domain.c**内）。続いて、アセンブリイメージをロードします（同**assembly.c**内）。そして**driver.c**内のmono_jit_exe関数を実行し、.NETコード（CIL）を実行します。

　その後は前述のmono_jit_exec関数内で実行対象アセンブリのエントリポイントを検索し、**mono/metadata/object.c**内の関数群を経てdo_runtime_invokeという関数で実際の.NETコードを呼び出すという流れです。

　この先の.NETコード実行段階では、被参照クラスの読み込みも自動的におこなわれます。クラス読み込みによって消費するメモリ量はクラスの規模によって異なりますが、肌感覚としておおむ

ね.NETのクラスひとつにつき20〜100KB程度です。

8.10　リソースの種類ごとの消費量調査

　Monoランタイムの処理フローをおおまかに掴んだので、続いてリソースごとに適した方法で消費量を調査していきます。ここで紹介する方法は、以降繰り返し利用します。

実行バイナリを解析して得られる要求リソース情報

　Linux上では、binutilsに含まれる**size**コマンドを利用すると、実行バイナリファイルを構成するセクションごとの容量を確認できるので便利です。

　Monoランタイムを静的リンクしたバイナリに含まれるセクション情報をsizeコマンドで解析してみます[11]。

```
$ size -A -d fp
fp  :
section             size      addr
...
.text            2175840   4217664
.fini                  9   6393504
.rodata           517408   6393536
.eh_frame_hdr      46724   6910944
.eh_frame         275524   6957672
...
.data               7096   9345248
.bss              206112   9352352
.comment              52         0
Total            3263572
```

　実行バイナリが多くのセクションで構成されることがわかります。プログラム実行時の消費メモリを削減するうえで特に注目すべきセクションが3つあります。

.text: プログラムコード

　機械語のバイト列を格納するセクションです。実行時にはいったんRAM領域へデータをコピーしてから実行する場合と、ROM領域に配置したままで実行する場合があります。RAMの容量が足りない場合はROM領域から直接実行することでRAMの消費量をおさえられます。

.rodata: 定数

　Cのコードでconst修飾子をつけて宣言した文字列定数類を格納するセクションです。プログラム実行中に変化しないデータであり、ROM領域に格納されます。

.bss: 0で初期化される静的変数

`static int foo = 0;`のように値を0で初期化する静的変数の格納先セクションです。

.bssセクションに配置されたデータはすべて初期値が0なので、データ本体をROM領域へ置く必要がありません。このため、ファイルに格納されている時点ではデータ容量を消費しません。

しかしプログラムの実行時には静的変数として振る舞うためにRAM容量を必要とします。つまり.bssセクションに関しては見かけ上のファイルサイズよりも多くの実行用メモリを消費します。.bssセクションのサイズが大きなプログラムには注意してください。

なお、値を0以外で初期化する静的変数は**.data**セクションへ格納されます。

実行ファイル内のシンボルごとのメモリ消費量

sizeコマンドと同じくbinutilsに含まれる便利なコマンドのひとつが**nm**です。**nm**コマンドを実行してシンボルごとのメモリ消費量を調べ、削減可能性を調査していきます。

```
$ nm --print-size --size-sort --radix=d fp
...
0000000009495456 0000000000024576 b fin_stage_entries
0000000006569888 0000000000026197 r locale_strings
0000000006525120 0000000000039522 r datetime_strings
0000000004295040 0000000000082007 T mono_arch_output_basic_block
0000000006636032 0000000000089496 r datetime_format_entries
0000000009362464 0000000000131072 b private_handles
0000000006022336 0000000000205382 T mono_method_to_ir
```

先頭カラムがメモリの開始アドレス、次のカラムが専有するメモリ量（10進数）、そして最後のカラムが該当するシンボル名です。

単純な容量面ではdatetime系とロケール系が上位に多く存在することがわかります。では、これらを上から順に削っていけばよいのでしょうか？

この方法は間違いではないのですが、あまり効率がよくありません。ここでは3カラム目の文字に注目してください。**r**は読み込み専用データ、**b**は.bssセクションにある未初期化データ、**T**はコードセクションにあるデータを意味します[12]。

ESP-WROOM-32の場合は、**r**（読み込み専用データ）と**T**（コードセクションにあるデータ）を比較的容量面の余裕があるROM領域に配置できるため、**b**（.bssセクションにある未初期化データ）を優先的に削減検討します。

スタック領域

スタックは主に局所性のある小規模なデータ置き場として利用されるもので、Cで書かれたプログラムでは関数のローカル変数置き場としての性質が強いです。GCCでは**-fstack-usage**オプションを付けてビルドすることでCの関数ごとのスタック消費量を集計して出力できます。

次の例ではstack.cをコンパイルし、スタック消費量の集計結果をstack.suファイルへ書き出し

ます。

```
$ gcc -c -fstack-usage stack.c
$ cat stack.su
stack.c:1:5:func1          16      static
stack.c:10:5:func2         64      static
stack.c:26:5:func3         288     static
stack.c:46:5:main          16      static
$
```

　残念ながら、この出力値を単純に合計しても正確なスタック消費量はわかりません。各関数が再帰的に呼び出されたり相互に呼び出しをおこなうことで、単純な関数ごとのスタック使用量合計よりも多くのスタックメモリが消費される可能性があり、逆にプログラムの実行中に一切呼び出されない関数のスタック領域は不要なためです。実際のスタック消費状況を把握するためには、コールグラフ解析（関数呼び出し順と回数の解析）が必要です。

ヒープ領域

　スタックとは対称的にヒープは関数間で引き継いで利用したり、大容量のデータを格納するためのメモリです。多くの実行環境でアプリケーションはOSに対して新規ヒープ領域の確保を要求し、認められた場合のみ利用できます。詳しくは後述しますが、Monoランタイムの内部では一時的に一定サイズのヒープを確保し、用が済んだらすぐに破棄するという使い方が多いです。

　今回はHeaptrackというオープンソースのツールを利用してMonoランタイム実行時のヒープ使用状況を確認します。

　Heaptrackは3つのコマンドで構成されます。

　heaptrackコマンドはデータ収集用で、任意のプログラムのヒープ使用状況を記録できます。Cの関数呼び出しごとのタイミングとヒープ消費量が記録されるため、ログファイルの解析によって時系列のヒープ利用状況を確認できます。

　ヒープのピーク割当量や関数単位の消費量分析にはコマンドライン版の**heaptrack_print**とGUI版の**heaptrack_gui**を使い分けられます。まずは**heaptrack**コマンドを実行したサーバー上で**heaptrack_print**コマンドを実行して内容をざっと把握し、その後にGUIの利用に適した環境へログファイルを転送して**heaptrack_gui**コマンドでじっくり分析することをお勧めします（図8.3）。

Heaptrack GUIをDockerイメージで利用する

　Linux向けヒープ分析ツールの定番といえばValgrind/Massifですが、今回は本章執筆中に安定版がリリースされた新しいツールであるHeaptrackを利用してみました（図8.4）。

　Valgrind/Massifと比較した特徴は、プロファイル取得用のオーバーヘッドが少ないこと、プロファイル途中のデータをきめ細かく残すため、後からデータを処理して独自視点の情報を取り出しやすいことです。一方、Massifにはあるスタック利用状況の分析機能が存在せず、GUIの作り込み面でもまだ「かゆいところに手が届く」とまではいきません。ちなみにHeaptrackのGUIパートは、

図 8.3: Heaptrack を使ったヒープ分析フロー

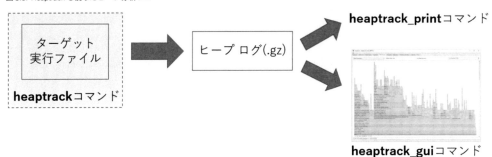

図 8.4: Heaptrack のビュー例

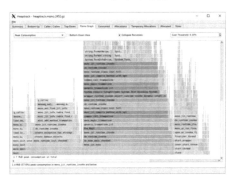
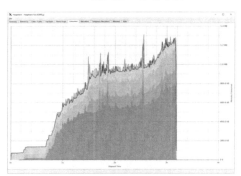

QtとKDE Framework 5を利用しています。

今回は、WindowsやmacOS環境でも簡単にGUIでログを分析できるようにDockerイメージを作ってみました。

```
$ docker -it --rm -p6080:6080 -v /path/to/logs:/data muojp:heaptrack
===>    http://localhost:6080/
```

Webブラウザでhttp://localhost:6080/を開くとHeaptrackのGUIが表示されます。**Profile Data**の右側のボタンを押してファイル検索ウィンドウを開き、/data/ディレクトリ以下の.gzファイルを指定するとそのファイルを解析できます。使い終わったらCtrl+Cでコンテナを終了します。

詳しい使い方はhttps://hub.docker.com/r/muojp/heaptrack/に書いてあります。ぜひお試しください。

8.11　Monoのドキュメントに沿って容量を削減する

ここからは前節で紹介したリソース消費量の分析手法を実際にMonoへ適用していきます。まず小手調べとして、Monoの公式ドキュメント[13]に沿って消費リソースを削減します。

紹介されているのは次の3点です。

・不要な機能セットを除外指定してビルドする

・不要なロケール情報を削除してビルドする

・コンパイルオプションでコンパクトなコード出力を優先する

それぞれ簡単に試行結果を紹介します。ドキュメントに書かれているものはわざわざ紹介しなくてもよいのではないか、と思うところですが、実際は何年も誰も試していないようなオプションもあって一筋縄ではいかないため紹介します。

不要な機能セットを除外指定してビルドする

Monoのビルド構成は**configure**スクリプトで制御できます。ビルド対象から除去する機能のリストを指定するオプションが**--enable-minimal**です。

このオプションで指定できる機能の一覧がMonoリポジトリのREADMEに記載されていますが、このリストは若干古いので、実際にconfigureスクリプトに**-h**をつけて実行して確認するのが確実です。

```
--enable-minimal=LIST        drop support for LIST subsystems.
    LIST is a comma-separated list from: aot, profiler, decimal,
pinvoke, debug,
    appdomains, verifier, reflection_emit, reflection_emit_save,
large_code,
    logging, com, ssa, generics, attach, jit, simd, soft_debug,
perfcounters,
    normalization, assembly_remapping, shared_perfcounters, remoting,
security,
    lldb, mdb, sgen_remset, sgen_marksweep_par, sgen_marksweep_fixed,
    sgen_marksweep_fixed_par, sgen_copying.
```

このオプションは次のように指定します。

```
./configure --enable-minimal=aot
```

この場合、ネイティブバイナリ生成機能であるAOTコンパイル機能を除いたMonoがビルドされます。前掲のとおり多くの除外候補がありますが、中にはビルドから除外するとMonoのフルビルドが失敗するものもあります。

代表的なものがjitで、これを取り除いてビルドするとMonoランタイムのビルド序盤でコンパイルに失敗します。genericsを除いた場合は、（想像されるとおり）かなり多くのクラスライブラリのビルドが失敗します。

ある程度の試行錯誤を経て得られた「最低限のランタイム＋クラスライブラリのビルドと最小限の.exeファイル実行に問題のない除外リスト」は次のとおりです。

```
--enable-minimal=profiler,pinvoke,debug,appdomains, verifier,
```

第8章　Monoでモノのインターネットを目指す　225

```
large_code,logging,
com,ssa,attach,simd,soft_debug, perfcounters,
normalization,assembly_remapping,
shared_perfcounters,remoting --disable-boehm
```

これ以降、Monoランタイムの容量削減結果を比較には**mono-sgen**ファイルを利用します。このファイルは**mono**コマンドの実体で、.NETアセンブリの読み込みから実行までのひととおりの機能を提供します。

標準ビルドオプションで生成した**mono-sgen**からデバッグシンボルを取り除いたものは3,821KBあります。

いっぽう、前述の**--enable-minimal**オプションを付加した結果は3,204KBでした。617KB削れています。

不要なロケール情報を削除してビルドする

Monoは標準で多くのロケール情報を持っています。これにより多言語でのメッセージ表示や日時フォーマット出力が可能ですが、その反面多くのROMやRAMを消費します。

実際、日時フォーマット用データテーブルである datetime_format_entries はROM領域を89KB消費します。Monoのドキュメントには、ロケール情報を削る方法が記載されています。

次のコマンドを実行する[14]と、最小限の内容のみを含む**mono/metadata/culture-info-tables.h**が生成されます。

```
$ make minimal MINIMAL_LOCALES=en_US
$ make install-culture-table
```

しかしこの状態でMonoをフルビルドすると、次のようにビルドが失敗します。

```
CSC      [build] mscorlib.dll

Unhandled Exception:
System.Globalization.CultureNotFoundException: Culture ID 9 (0x0009)
is not a supported culture.
Arg_ParamName_Name
  at System.Globalization.CultureInfo..ctor (System.Int32 culture,
    System.Boolean useUserOverride, System.Boolean read_only)
    [0x0007d] in <d89ceb8833fd41e7929163b6cad65f49>:0
  at System.Globalization.CultureInfo..ctor (System.Int32 culture,
    System.Boolean useUserOverride) [0x00000]
    in d89ceb8833fd41e7929163b6cad65f49>:0
```

詳細は追えていませんが、デフォルトのculture ID（neutralを示す9）に対応するデータを探し

出す部分に問題があるようです。プログラムの問題か作成したデータの問題か切り分けられなかったため、暫定的に前述のculture-info-table.h内の

```
{0x0409, 0x0009, 257, 0, 50, 56, 56, 80, 84, 88, 91, {226, 0, 0, 0}, 0,
0,
 { 1252, 37, 10000, 437, 0, ',' }}
```

この行を次のものに差し替えました。

```
{0x0009, 0x007F, 257, -1, 2871, 2874, 2874, 2882, 2886, 2871, 0, {36880,
0, 0, 0},
 9, 9, { 1252, 37, 10000, 437, 0, ',' }}
```

この変更によってうまくビルドできました。また、容量面でも3,008KBとなり、196KB削れました。

コンパイルオプションでコンパクトなコード出力を優先する

Monoのドキュメントには、次のように**make**コマンドの実行時にコンパイルオプションを指定することで、ビルド結果のコードサイズを最小化するという記述があります。

```
$ make CFLAGS=-Os
```

この場合、実行速度が低下する可能性があります[15]。しかしメモリ量がギリギリな環境ではそんなことを言っていられません。

残念ながら、このオプションを付けてMonoをフルビルドすると後半でリンカがエラーを吐きました[16]。本章の執筆中にエラーを解消できなかったので、今回は諦めて先へ進みます。

8.12　ヒーププロファイル結果からRAM削減余地を探す

Monoのドキュメントに書かれているフットプリント削減策だけではMonoをESP32上で動作させられません。つづいてMonoの起動処理や.NETプログラム実行時の処理を調べつつ、リソースの削減余地を探ります。

ESP32（ESP-WROOM-32）においてもっとも貴重なリソースは、静的変数・スタック・ヒープに使われるRAMです。ROM領域（プログラムコードやconst値を格納）はESP-WROOM-32の場合、比較的容量の大きなフラッシュメモリへ逃がせるためです。特に、プログラム実行速度を犠牲にすればフラッシュメモリ領域に格納されているプログラムコードを直接実行できるため、比較的気が楽です。

ここではRAM領域の消費量に注目してMonoの実行に必要なリソースの計測と削減をおこなっていきます。今回は、ごくシンプルなHello, World的なコード（リスト8.1）を実行した結果を題材とします。

第8章　Monoでモノのインターネットを目指す　　227

リスト8.1: Hello, World的なコード

```
using System;

public class Foo {
  public static int Main() {
    Console.WriteLine("hello.");
    return 0;
  }
}
$ mcs h.cs
$ heaptrack mono h.exe
```

としてコンパイルした結果をHeaptrack GUIで確認すると、ヒープ領域を26MB以上も消費していました（図8.5）。

図8.5: Heaptrack GUIのFlame Graph機能でJIT利用時のヒープ消費量を確認

システムトータルで520KBというメモリ予算を考えると50〜100倍もオーバーしています。ESP32でMonoを動かすのは不可能なのでしょうか。

JITコンパイルで消費するメモリをおさえるためのAOTコンパイル

　C#やF#で書かれたプログラムは.NET向けの中間言語コードへと変換後にバイナリファイル（.NETアセンブリ）へ格納されます。このファイルを実行する際に、中間言語を逐次読み込んで解釈して実行する方法（インタプリタ実行）では無駄が多く、十分な速度を出せません。このため、Monoでは中間言語コードをマシンネイティブのコードへ変換して実行します。

　この実行モデルとしてJIT（Just in Time）コンパイルが一般的です。JITコンパイルは、プログラム実行時に非マシンネイティブのプログラムコードをマシンネイティブのコードへと変換して実行するものです。プログラム本体の実行開始前にコンパイル時間とメモリが必要ですが、コンパイルが終われば比較的高速な動作を期待できます[17]。

　残念ながらESP32のように搭載メモリ量が少ない環境は、JITコンパイルを利用する処理系との相性が極端に悪いのです。これは実行前にコンパイル時間が必要なことに加えて、JITコンパイルによって生成されたネイティブ実行コードがRAM上に配置されるためです。RAM領域は静的変数・実行コード用のスタック領域・同ヒープ領域による奪い合いの場で、そこにプログラムコードまで入ってくると明らかに容量が足りません。

さて、Monoの優れた機能のひとつが、JITコンパイルに代わるAOTコンパイルです。これは.NETアセンブリ中のプログラムコードを読み込んでプログラム実行環境のネイティブコードへ事前変換してファイルへ格納するものです。これにより、実行対象の.NETコードをROM領域へと追い出せます。

MonoはAOT処理済みアセンブリの実行にふたつのモードを持ちます。通常のAOTモードは、プログラム実行中にAOTで処理できないコードへ行き当たった際、JITコンパイルへとフォールバックしてなるべく処理を継続しようとします。full-AOTモードは、前述のようなコードへ行き当たった際に例外を吐いて終了します。

今回はJITコンパイル必須のコードをサポートから外す前提で、full-AOTモードを利用します[18][19]。

```
$ mono --aot=full -O=all h.exe
```

26MB程度割り当てられていたメモリが一気に3.9MBまで減りました。ここからさらに1/10程度まで削る必要がありますが、最初の計測での悲惨な状態と比べるとかなり希望が見えてきます。

ちなみに、AOT処理済みバイナリの利用によるうれしい副作用として、.NETクラスの各種関数がLinuxの実行バイナリ内にシンボルとしてエクスポートされます。これらのシンボル情報により、Heaptrack GUI上でクラスやその中のメソッドごとのメモリ消費量を追跡しやすくなります。

mono_mempool_new_sizeでの割り当て抑制

Heaptrackを使ってヒープ消費量を調べていくと、mono_mempool_new_size関数での割り当てが多いことに気付きます。呼び出しパターンは多岐にわたりますが、いずれも基本的に8KB単位でメモリを割り当てています（図8.6）。

図8.6: mono_mempool_new_size関数でのメモリブロック割り当て

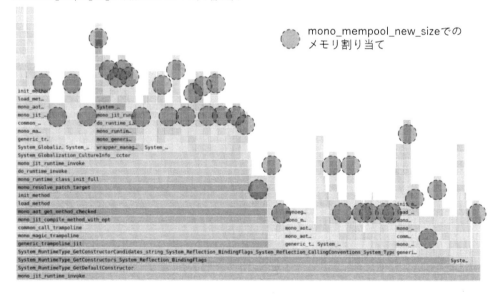

この関数内でのメモリ割り当ては mono_mempool_new 関数を利用しており、確保時の標準サイズは8KBです。これを一律4KBに変更すると一定のメモリ削減につながりそうですが、実際には割り当てられたメモリの多くが短時間で破棄されているので、効果は限定的かもしれません。

mempool.cの中を読んでみると、まさにこの設定をおこなうフラグが存在します。

```
#if MONO_SMALL_CONFIG
#define MONO_MEMPOOL_PAGESIZE 4096
#define MONO_MEMPOOL_MINSIZE 256
#else
#define MONO_MEMPOOL_PAGESIZE 8192
#define MONO_MEMPOOL_MINSIZE 512
#endif
```

これはconfigureスクリプトにて **--enable-small-config** オプションを引き渡すことで有効化できます。このオプションを渡しておくとガーベジコレクションにBoehm GCを利用する場合に消費メモリをおさえられる可能性があるとヘルプに記載されています[20]。

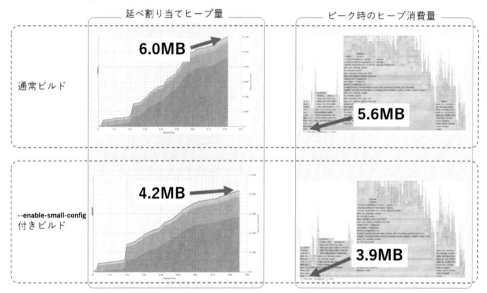

図8.7: --enable-small-config オプションの効果計測結果

ヒーププロファイル結果のとおり、延べアロケーション量とピーク時の消費量をともに1.7MB程度削減できました。また、ランタイムの容量も4KB減って3,004KBになりました。

System.Consoleは巨大

JIT利用からAOT化によってヒープ割当量を大きく削れましたが、それでもまだ3.9MB必要です。ESP32のメインメモリの8倍近くです。

これは多少強引にでも削っていく必要があります。Heaptrackの結果をみてみましょう。

Flame Graphタブ内の表示モードをPeak Consumptionに切り替えて、ヒープの利用量がもっとも多いタイミングでのメモリ内訳を確認します。各サブ要素をドリルダウンして調べていくと、3.9MB中の1.6MBをSystem.Console関連の呼び出しで利用していることが分かります（図8.8）。

図8.8: System.Consoleを起点とするクラス読み込みツリー

　気軽にHello, Worldを出力しようとしたら文字コード変換処理をはじめとする巨大なクラスツリーを読み込む必要があったということです。

　どのみち実用上System.ConsoleのフルをESP32上で利用するのは不可能なので、Console.WriteLine呼び出しごと削ることにします。さすがにテストプログラムの内容が**return 0;**では正しく処理がおこなわれているのか分かりにくいので、1を返すようにします（リスト8.2）。

リスト8.2: 簡素な動作確認対象コード

```
using System;

public class Foo {
  public static int Main() {
    return 1;
  }
}
```

　mcsでアセンブリを作成し、monoコマンドでのfull-AOT処理を終えたものを再度実行すると、ピーク時の割当量を2.6MBまで削れました。ちなみに、Heaptrackでヒープ割り当てを追いかけていくとmain関数からの流れとは異なるclone関数からの割り当てツリーが存在します。これはMonoランタイムが.NETアセンブリのエントリポイントから実行を開始する時点で新規スレッドを生成す

るためで、こちらのツリーをMonoランタイム初期化後の処理と考えてください。

mono_assembly_load_corlibで266KB

ランタイム初期化中で多くのメモリを消費しているのが、`mono_assembly_load_corlib`関数の
ツリーです。これはランタイム本体とは別のアセンブリであるmscorlib.dllあるいはそのAOTコン
パイル済みファイルであるmscorlib.dll.soの呼び出し部分です。

このうち241KBはアセンブリ内に含まれるメソッドの一覧を保持するテーブル用に確保されます。
これはポインタ列なので32-bit CPUを搭載するESP32上では単純換算して121KBですが、mscorlib.dll
から不要なメソッドやクラスを削除することでテーブル容量を大きく減らせると期待できます。な
お、mscorlib.dllをMonoランタイム本体に静的リンクしてアセンブリローダの一部処理を除去する
と10KB程度は削れそうですが、労力の割には効果を期待できません。

その他、メモリ削減余地の大きそうな要素

Monoランタイム編の最後に、今回は時間の都合で追いかけきれなかったメモリ削減余地のあり
そうな要素を挙げます。

- `System.Runtime.Remoting.Contexts.Context`周辺の139KB
- `System.Exception`系（`create_exception_two_strings`関数のツリー）の700KB
- `mono_aot_find_jit_info`関数のツリーの328KB

ここまでの結果をまとめます。実行バイナリサイズの面では標準ビルドの3,821KBから3,004KBま
で減らせました。ヒープサイズの面ではJITコンパイル有効でHello, Worldを実行した時点の26MB
から、AOTコンパイルやランタイムのビルドオプション変更などにより2.6MBまで削れました。
ヒープ消費量をおさえられそうな候補はさらに1.3MB程度あります。

8.13　クラスライブラリの削減余地を検討する

前節では、Monoランタイムから削れそうなメモリについて検討しました。続いてMonoランタイ
ム本体とは違う切り口で、クラスライブラリを削れるか否か検討してみます。

「8.9 Monoランタイム起動直後の処理」で紹介したように、1クラス読み込む都度20KB程度はメ
モリを消費するため、クラス数を減らすことは実行時メモリの削減に直結するはずです。

起動直後に呼ばれるSystem.Globalization

Heaptrackの結果をブレイクダウンしていくと目につくのが、System.Globalizationのクラス
群です。System.Globalization.CultureInfoクラスを中心にいくつかのクラスを読み込んでお
り、これらの呼び出しを削ればメモリ消費量を250KBほど削れそうに見えます。しかしmscorlib.dll
に含まれるSystem.RuntimeTypeのコードを読むと、かなり深い領域までCultureInfoクラスや
CultureDataクラスが食い込んでいることがわかります[21]。

これはMonoでの実装を含めて.NET FrameworkのI18N機構がよく作り込まれた結果といえるの
ですが、逆に小手先の方法でクラスライブラリからI18N機能を引きはがすのが困難です。

232　　第8章　Monoでモノのインターネットを目指す

-nostdlibの誘惑

プログラム実行時のmscorlib.dll内の依存関係を減らし、クラスローダーで読み込まれるクラスを絞り込むうえではMonoのmscorlib.dllからコードを削っていくのが正攻法ですが、他の方法も考えられます。C#コードをコンパイルしてアセンブリを生成する時点で通常の標準クラスライブラリを参照せず、自前の最小限のライブラリで完結させるというものです。

mcsコマンドを利用して標準的なC#コードのビルド手順に沿って実行バイナリを作成すると、それらは自動的にmscorlib.dllへの参照を含みます。ここで、mcsはcscと同じく**-nostdlib**というオプションを受け付けます。これを指定すると、ビルトインの標準クラスライブラリであるmscorlib.dllへの参照をおこなわずにコンパイルできます。もちろんmscorlib.dllに含まれる機能が一切使えなくなりますが、これを代替する最小限のクラス群を自前で用意できれば、大幅なディスク容量・メモリ容量削減を期待できます。特に、前述のSystem.Globalization関連クラスをごっそり取り除いた標準クラスライブラリを作ることで、劇的なメモリ消費量削減が可能かもしれません。

実際にさきほどのHello, Worldコードを**-nostdlib**オプション付きでコンパイルしてみると、次のような結果になります。

```
$ mcs -nostdlib m1.cs
error CS0518: The predefined type 'System.Object' is not defined or
imported
...
error CS0518: The predefined type 'System.Exception' is not defined or
imported
```

System.Object、System.ValueType、System.Attribute、System.Int32、System.UInt32、System.Int64、System.UInt64、（中略）、System.Exceptionが定義されていないというエラーです。

これらの型はmscorlib.dll内で定義されているので当然です。

めげずにダミーの空っぽな型定義を用意します。それぞれランタイムの要求どおりに型の種類をclass・struct・interfaceとして名前のみ（実装は空）定義します。

指定子がただしくない場合は次のようなエラーが発生します。

```
obj.cs(8,18): error CS0520: The predefined type 'System.Int32' is not
declared correctly
```

この検証処理は**mcs/mcs/typemanager.cs**内の887行目付近でおこなわれています。型情報を読み込んで期待と異なるものを見つけたらエラーを出力して終了する実装です。

この部分ではclass・struct・interfaceの一致しか確認しておらず、https://gist.github.com/muojp/38dbf79bdaa21a8d69ea962a38b4b249のように適切な型情報を記述するとコンパイルに成功し、アセンブリファイルが生成されます。

第8章　Monoでモノのインターネットを目指す　233

しかし実際にMonoランタイムからSystem.Objectを利用しようとした時点で次の例外を吐いてクラッシュします。

```
    [ERROR] FATAL UNHANDLED EXCEPTION: System.TypeLoadException: Could
not set up
    parent class, due to:
assembly:/home/muo/mono-work/experiments/simple-aot/
    obj.exe type:Object member:<none>
    mono/metadata/class.c
1565:    if (mono_class_set_type_load_failure_causedby_class (klass,
klass->parent,
  "Could not set up parent class"))
```

ちなみに、このクラッシュはMonoに特有のものではなくWindows上の.NET Framework 4.6.2で実行しても同様です。

```
ハンドルされていない例外: System.TypeLoadException: 親が存在しないため、アセンブリ
obj, Version=0.0.0.0, Culture=neutral, PublicKeyToken=null の型
System.Object を読み込めませんでした。
```

今回はここで時間切れでした。もしも本書の発売までにmscorlib.dll差し替え策がうまくいけば、続報をblog（https://notes.muo.jp/）で公開します。

8.14　ROM/静的確保RAMの削減余地を探る

せっかく**size**と**nm**の両コマンドを紹介したので、これらを使って削減余地を探ってみましょう。なお、ESP32をターゲットとする場合に最大のネックがRAM容量の少なさであることはすでに述べましたが、フラッシュメモリも潤沢ではありません。このため、Monoランタイムが確保するROM領域内の削減可能な箇所も簡単に調査しておきます。

プログラム上の定数（const）値

nmコマンドでプログラム上のROM領域（定数テーブル）を抽出して合算します。

```
$ grep " r " foo-nm.txt | cut -d' ' -f2 | paste -sd+ - | bc
309693
```

ここで大半を占めるロケール系データの削減についてはすでに「不要なロケール情報を削除してビルドする」で紹介しました。

full-AOT時に利用されない巨大な関数

呼び出されないプログラムコードはなるべく削りたいところです。

mono_method_to_ir

mono_method_to_ir関数は、.NETのアセンブリから読み込んだCIL命令群をMono内部の命令表現へ変換する機能を持ちます。これは巨大な分岐で構成されており、x86-64用ビルドでは実に1関数で200KBを消費します。

AOT処理済みのバイナリのみを実行する場合には、mono_method_to_ir関数が不要な可能性があります。この場合、200KBを丸ごと削れます。

mono_arch_output_basic_block

mono_arch_output_basic_block関数は、JITコンパイルの要です。これも巨大な分岐で構成されており、x86-64用ビルドでは82KBを消費します。

Monoのフルビルド時に**--enable-minimal**オプションで**jit**を指定してJITコンパイル機能全体を削除するのは副作用が大きく、ビルドが途中で失敗するとすでに述べましたが、この関数のみを削除したり内容を空にするなどの対応は十分可能です。

静的確保している変数領域

RAM領域のうち、静的変数を配置している領域は比較的追跡が容易です。まずは**nm**コマンドの出力結果を加工して静的変数が利用しているメモリ量を簡単に把握します。

```
$ grep " b " foo-nm.txt | cut -d' ' -f2 | paste -sd+ - | bc
200554
```

約200KB消費することがわかります。このうち簡単に削れるものを検討してみました。

w32handleで128KB

nmコマンドで見つかったRAM領域の容量筆頭が**private_handles**です。これはmono/metadata/w32handle.cで次のように定義される静的ポインタ配列です。

```
  #define SLOT_MAX              (1024 * 16)
...
  static MonoW32HandleBase *private_handles [SLOT_MAX];
```

x86-64環境では128KB、32-bit環境では64KBのメモリを消費します。

名前に**w32**と付いていることからWindows環境専用のデータであるように思えますが、private_handlesは非Windows環境でもMono内部のハンドルとして利用されています。このため、簡単にすべて削除するわけにはいきません。

しかし、16,384個のハンドルが必要なケースは、少なくともESP32向けと考えるとまれなはずで

第8章　Monoでモノのインターネットを目指す　235

す。1,024個程度に削減しても小規模なコードは問題なく動作するでしょう。

その他静的変数の削減で10KB程度

前述のprivate_handlesを除くと、極端に容量を消費している変数は存在しません。このため、各所で必要量よりも多めにメモリを確保している箇所を見つけて細かく削っていくことになります。ざっと調べた範囲ではこれによって削減できるのは10KB程度で、労力の割に期待量が大きくありませんでした。

バイナリのstrip処理

Monoの実行バイナリと標準クラスライブラリはかなり巨大です。ESP-WROOM-32が4MBのフラッシュメモリを搭載しているとはいえ、この領域に収まらなければプログラムの実行どころではありません。

sizeコマンドでバイナリ内のセクションごとの容量を調べた際に、**debug_*** という名前が見つかる場合があります。

```
$ size -A mono-sgen
mono-sgen  :
section              size       addr
... 省略 ...
.text              2277616    4273808
... 省略 ...
.bss                206712    9369312
.comment                52          0
.debug_aranges       11232          0
.debug_info        6040245          0
.debug_abbrev       249325          0
.debug_line         713272          0
.debug_str          423466          0
.debug_loc         4871272          0
.debug_ranges       750592          0
Total             16341619
```

これらはプログラム中のデバッグ情報で、binutilsに含まれる**strip**コマンドを利用して安全に削除できます。参考までに、どの程度削減できるのかを例で示します。ここでは、Monoの標準的な実行バイナリである**mono-sgen**にstrip処理をかけます。

```
$ ls -l mono-sgen
-rwxr-xr-x 1 muo muo 16549896 Mar  2 05:22 mono-sgen
$ cp mono-sgen testbin
$ strip testbin
```

```
$ ls -l testbin
-rwxr-xr-x 1 muo muo 3080144 Mar  2 05:22 testbin
```

16MBの実行ファイルをコマンド一発で3MBまで削れるのは精神的にとても楽ですね。

8.15　まとめ

ESP32（ESP-WROOM-32）という4MB ROM・520KB RAMの環境をターゲットとするMonoランタイムのバイナリサイズ・メモリ消費量の削減に取り組みました。

ROM容量を多く消費するMonoランタイムのバイナリサイズについて、x86-64向けのMono実行バイナリサイズを標準ビルドの3,821KBから3,004KBまで削り、いくつかのコマンドを利用してさらに削減可能な領域を発見しました。RAM容量に関わるヒープサイズの面では標準状態のHello, Worldの実行に必要な26MBから、AOTコンパイル化やランタイムのビルドオプション変更などにより2.6MBまで削った上で、さらに消費量を半分程度までおさえられそうな余地を発見しました。

一方で課題もまだまだ多く、特にx86-64環境で調査を進めたことによる、結果誤差の大きさが不安材料です。ターゲットがXtensa LX6というRISC系32bit CPUであることを考えると、今回のx86-64向けバイナリでの調査結果をもとにさらなる削減を進めたうえで、はやめにARMやLX6環境向けのビルドとプロファイルをおこなうのが望ましいです。また、今回の調査ではRAM容量の消費に関わる重要な要素であるスタック領域や静的変数領域の容量についてあまり検討していません。引き続き調査が必要です。

これらの調査結果にもとづいて、果たしてESP-WROOM-32上でMonoを実行できるのか、同ボード単体では無理だとしてもROMやRAMを外付け拡張することで実現できるのか、そして実用的な速度で動作するのか、について引き続き調べていきたいと考えています。

1. 一部は Mono チームによる正式サポートではなく、コミュニティによるサポートです

2. スペックは http://www.netduino.com/netduinoplus2/specs.htm 参照

3. そう、Mono のインターネットです。今回の原稿は、「Mono でモノのインターネット」と言いたい一心で書きました

4. これでも IoT 向け省電力チップとしてはかなり RAM が豊富なほうです。ちなみに ESP32 の先代である ESP8266 はさらにメモリが少なく、命令用 64KB とデータ用 96KB しかなかったので、さすがに Mono を動作させるのは無理でした

5. 著者が ARM 環境でのメモリプロファイルに不慣れであり、慣れ親しんだ x64 環境で全体の傾向を把握することを優先しました

6. 本章でのコード紹介・ビルドに利用した Mono のリビジョンは f9dcaa74a99e100 です

7. シェルは少なからず貴重なメモリを消費しますし、多くの場合対話型実行手段自体の重要度が低いです

8. teste.c はおそらく test-embedding（組み込みテスト）の意味です

9. たとえば、組み込み向けの環境ではプログラムを RAM へ読み込んでから実行するか、ROM から直接実行するかを選択できる場合が多いです

10. 本章執筆中に Visual Studio 2017（VS2017）がリリースされましたが、試した限り Mono ソリューション内のプロジェクト群を VS2017 向けにリターゲットすると、VS2017 自体がクラッシュします。もちろん、ctags を駆使して Emacs や Vim でコードリーディングできる方は慣れた方法で読み進めてください

11. 結果の見やすさ向上のため、事前に strip コマンドでデバッグ情報を除去してあります

12. ここで、アルファベット大文字のものは大域データ、小文字のものは局所データを指します

13. http://www.mono-project.com/docs/compiling-mono/small-footprint/

14. コマンド実行に先立ち、unicode.org から適切な加工元データを入手しておく必要があります

15. GCC の -O2 最適化では実行速度向上のために関数や分岐命令の飛び先位置の調整をおこなうため、ファイルサイズが増大する可能性があります

16. 詳細は追いかけていませんが、シンボルのエクスポートに関する問題のようです

17. JIT コンパイル処理系のなかには、プログラム実行中に多くの回数呼び出される箇所を調査して動的に追加の最適化をおこなうものもあります

18. 事前準備として h.exe と mscorlib.dll について mono --full-aot コマンドでネイティブバイナリを生成しておきます

19. AOT 処理に興味を持った方にお勧めのドキュメントを数点記載します。http://www.mono-project.com/docs/advanced/aot/、http://www.mono-project.com/docs/advanced/runtime/docs/aot/、http://www.buildinsider.net/mobile/insidexamarin/03AOT 処理に興味を持った方にお勧めのドキュメントを数点記載します。http://www.mono-project.com/docs/advanced/aot/、http://www.mono-project.com/docs/advanced/runtime/docs/aot/、http://www.buildinsider.net/mobile/insidexamarin/03

20. 基本的に SGen GC しか利用しないので、あまり意味はありませんが

21. https://github.com/mono/mono/blob/6f2ce1ddf96616/mcs/class/referencesource/mscorlib/system/rttype.cs を読むと分かりやすいです

238　第 8 章　Mono でモノのインターネットを目指す

執筆者紹介

榎本 温 （えのもと あつし）

.NETはオープンソースで実現すべきと思ってMonoの開発に参加していつの間にか15年。
エイプリルフールのジョークだった「マイクロソフトで働くことになりました」の状態に
今でも馴染まない不良会社員です。
卒業して音楽ソフトで遊んで暮らすのが目下の望み。

平野 翼 （ひらの つばさ）

1988年9月16日デビュー。株式会社ライフベア勤務。
Macが幅をきかせる映像制作の現場においてC#を武器に闘った結果、道を踏み外す。
おいしいものを食べたり飲んだりして，適当に写真を撮ったり映像を作ったりして生きて
いきたい。
Macはそれなりに好き。

中村 充志 （なかむら あつし）

1976年1月22日生まれ。金融系エンタープライズ一直線のSIer育ちのアーキテクト。Java
からC#を渡り歩く。
趣味で作ったAndroidアプリをiOSへ移植しようとXamarinと出会う。でも結局アプリは
作っていない。
現在の悩みは、Xamarin案件がなかなか獲得できないこと。だれかXamarinの金融案件くだ
さい。

奥山 裕紳 （おくやま ひろのぶ）

ネットやコミュニティでは amay077(あめい) という名前で活動しています。
Windows系の企業から転職してAndroid/iOSアプリエンジニアになったと思ったら、Xamarin
によっていつの間にか .NET と C# に戻って来ていました。
愛知県在住のフルリモートワーカー。得意分野は位置情報、地理空間情報。

末広 尚義 （すえひろ ひさよし）

1983年10月15日生まれ。Linuxで人生の半分近くを過ごしてきましたが、Xamarinを触る
ために久しぶりにwindowsマシーンを使い始めました。
環境になれなさすぎて早めにXamarin Linux版が出ないと死んでしまいます。
androidやPHPな著書もありますが仕事は組み込みlinux方面で最近は仕事でGoとかelixirを
書いてすごしています。

中澤 慧 （なかざわ けい）

ここ数年はゲーム会社でゲームを作ったり作らなかったりする日々を過ごしています。
振り返ってみるとC#は10年超、Javaとは15年近くの付き合いでした。
年々、下のレイヤを掘りに行っては膝を痛めて戻ってくるようなことを繰り返しています。

◎本書スタッフ
アートディレクター/装丁：岡田章志＋GY
表紙イラスト：高橋満智子
デジタル編集：栗原 翔

●お断り
掲載したURLは2017年8月1日現在のものです。サイトの都合で変更されることがあります。
●本書の内容についてのお問い合わせ先
株式会社インプレスR&D　メール窓口
np-info@impress.co.jp
件名に『本書名』問い合わせ係」と明記してお送りください。
電話やFAX、郵便でのご質問にはお答えできません。返信までには、しばらくお時間をいただく場合があります。な
お、本書の範囲を超えるご質問にはお答えしかねますので、あらかじめご了承ください。
また、本書の内容についてはNextPublishingオフィシャルWebサイトにて情報を公開しております。
http://nextpublishing.jp/

●落丁・乱丁本はお手数ですが、インプレスカスタマーセンターまでお送りください。送料弊社負担 てお取り替えさせていただきます。但し、古書店で購入されたものについてはお取り替えできません。
■読者の窓口
インプレスカスタマーセンター
〒101-0051
東京都千代田区神田神保町一丁目 105番地
TEL 03-6837-5016／FAX 03-6837-5023
info@impress.co.jp
■書店／販売店のご注文窓口
株式会社インプレス受注センター
TEL 048-449-8040／FAX 048-449-8041

技術の泉シリーズ

Essential Xamarin

ネイティブからクロスプラットフォームまで モバイル.NET の世界

2017年9月1日   初版発行Ver.1.0（PDF版）
2019年4月5日   Ver.1.1

著　者　　榎本 温,平野 翼,中村 充志,奥山 裕紳,末広 尚義,中澤 慧
編集人　　山城 敬
発行人　　井芹 昌信
発　行　　株式会社インプレスR&D
　　　　　〒101-0051
　　　　　東京都千代田区神田神保町一丁目105番地
　　　　　https://nextpublishing.jp/
発　売　　株式会社インプレス
　　　　　〒101-0051　東京都千代田区神田神保町一丁目105番地

●本書は著作権法上の保護を受けています。本書の一部あるいは全部について株式会社インプレスR&Dから文書による許諾を得ずに、いかなる方法においても無断で複写、複製することは禁じられています。

©2017 Atsushi Enomoto, Tsubasa Hirano, Atsushi Nakamura, Hironobu Okuyama, Hisayoshi Suehiro, Kei Nakazawa
All rights reserved.
印刷・製本　京葉流通倉庫株式会社
Printed in Japan

ISBN978-4-8443-9791-5

●本書はNextPublishingメソッドによって発行されています。
NextPublishingメソッドは株式会社インプレスR&Dが開発した、電子書籍と印刷書籍を同時発行できるデジタルファースト型の新出版方式です。https://nextpublishing.jp/